热红外相机定标及摄影测量应用

Thermal Camera Calibration and Photogrammetric Applications

林栋 万刚 崔晓杰 杨保平 丛佃伟 著

U0339412

测绘出版社
·北京·

内容简介

本书是一部关于非制冷型热红外相机定标及摄影测量应用的系统性专著，在总结归纳定标理论及应用方法的基础上，重点对辐射定标、几何定标、建筑物三维温度场模型重建、基于热红外属性信息的点云目标提取和流体速度场测量等关键技术进行了系统性阐述，并结合应用实例给出了全新的解决方案，为热红外影像智能处理与应用提供了指导方法和科学支撑。

本书可供摄影测量与遥感、环境监测、地理信息系统等领域的科研人员和工程技术人员参考使用，也可供高等学校相关专业师生参考使用。

图书在版编目（CIP）数据

热红外相机定标及摄影测量应用／林栋等著 . -- 北京：测绘出版社，2023.4

ISBN 978-7-5030-4468-7

Ⅰ．①热…　Ⅱ．①林…　Ⅲ．①红外线摄影—摄影测量　Ⅳ．①P23

中国国家版本馆 CIP 数据核字（2023）第 055923 号

热红外相机定标及摄影测量应用

Rehongwai Xiangji Dingbiao ji Sheying Celiang Yingyong

责任编辑	巩　岩	执行编辑	刘思涵	封面设计	李　伟	责任印制	陈姝颖

出版发行	测绘出版社	电　话	010－68580735（发行部）
地　址	北京市西城区三里河路 50 号		010－68531363（编辑部）
邮政编码	100045	网　址	www.chinasmp.com
电子信箱	smp@sinomaps.com	经　销	新华书店
成品规格	169mm×239mm	印　刷	北京捷迅佳彩印刷有限公司
印　张	8.75	字　数	170 千字
版　次	2023 年 4 月第 1 版	印　次	2023 年 4 月第 1 次印刷
印　数	001—800	定　价	68.00 元
书　号	ISBN 978-7-5030-4468-7		

本书如有印装质量问题，请与我社发行部联系调换。

序

　　热红外相机不受黑夜、雨雪、雾霾、沙尘等因素的影响，能够穿透黑暗、识别伪装、感知目标、探测热异常。2008 年美军率先将热红外相机作为士兵的"眼睛"列入实装，并迅速将其从单兵携带向全球昼夜侦察、导弹制导等领域不断延展。但制冷型热红外传感器造价昂贵，严重限制了民用推广。随着非制冷型热红外相机的出现和发展，这一障碍被彻底打破，相机面阵越来越大，像元尺寸越来越小，相机产能越来越高，造价成本越来越低，大大推动了热红外相机在疫情防控、安防监控、辅助驾驶、工业生产、智能家居等民用领域的应用。但是，非制冷型热红外相机不受制冷源的保护，几何定位与温度反演误差频发，如何实现精确几何定位与精准温度反演是急需解决的问题。到目前为止，国内外尚未有系统性介绍非制冷型热红外影像智能处理的书籍。

　　作者团队多年从事热红外影像处理方面的研究，获得了国家留学基金委、地理信息工程国家重点实验室、国防科技创新特区、国家自然科学基金委等多个机构项目的支持，在热红外相机辐射定标、几何定标、三维温度场模型重建等方面做出了一系列创新性研究成果，显著提高了几何定位与温度反演的精度和智能化水平，得到了德累斯顿工业大学 Hans-Gerd Maas 教授和慕尼黑工业大学 Uwe Stilla 教授的认可。

　　本书是一部关于非制冷型热红外相机定标与应用的系统性专著。它的出版恰逢其时，反映了我国学者在辐射定标、几何定标、热红外影像几何定位与温度反演等方面的最新研究成果，对军事领域应用（轻武器瞄准、导弹制导、光电吊舱等）和民用领域应用（智慧城市、数字孪生、电力巡线等）具有重要意义。

　　我相信该书的出版将会在热红外影像处理研究中发挥重要的推动作用，吸引更多的青年学者参与该领域的研究，进一步促进国产热红外技术的发展。

王家耀

2022 年 10 月于郑州

前　言

热红外相机能够探测波长为 8~14 μm 的长波红外辐射，并反演物体表面的温度信息，其发展和应用受到人们的广泛关注。尤其是非制冷型热红外相机的出现，使相机价格大幅下降，应用方向从军事侦察、航天遥感等军用领域拓展到汽车技术、工业生产等民用领域。在新型冠状病毒感染疫情期间，热红外相机被广泛地用于各大公共场所人体体温的监测。可以预见的是，随着热红外相机在空间分辨率、时间分辨率、辐射分辨率性能上的提高，热红外影像将在未来的生活中扮演越来越重要的角色。

与可见光影像相比，现有热红外影像分辨率低、对比度差，非制冷型热红外相机缺乏制冷源的保护，极易受到周围环境因素的影响，导致影像出现时间非一致性与空间非一致性。现有研究大多局限于热红外影像的定性分析，鲜有基于影像几何定位与温度定量反演的研究。本书主要研究非制冷型热红外相机定标及摄影测量应用，系统性地阐述笔者在辐射定标、几何定标、温度场三维模型重建等方面的研究成果，力求在热红外影像处理领域做一次系统性梳理，为相关人员提供有益参考。

本书共 7 章。第 1 章介绍了热红外成像基本原理。第 2 章阐述了一种顾及传感器温度快速变化的热红外相机辐射定标方法。第 3 章分别介绍了手持近景摄影测量和倾斜航空摄影测量环境下的热红外相机几何定标方法。第 4 章分别阐述了基于手持摄影测量的建筑物立面温度场重建方法和基于倾斜航空摄影测量的建筑物真三维温度场重建方法。第 5 章分别介绍了非监督型窗户提取方法和基于条件随机场的监督型门窗提取方法。第 6 章介绍了利用热红外相机和热源示踪剂实现流体速度场测量的方法。第 7 章总结了本书的研究成果，并展望了热红外技术的发展方向。

全书参考了大量本领域学者的研究成果，在此向所引用文献的作者表示感谢。此外，中国工程院王家耀院士在百忙之中为本书作序，对本书出版问世是莫大的鼓励，在此向王院士致以最诚挚的谢意。由于笔者经验不足、水平有限，书中难免存在疏漏之处，恳请各位学者、专家、读者及同仁批评指正，并告知邮箱（lindong_hb59@163.com）。

目 录

第1章 热红外成像基本原理

人眼接收的是可见光波段（0.4～0.7 μm）的辐射，热红外相机主要探测长波红外波段（8～14 μm）的辐射，并生成与物体表面温度相关的热红外影像。随着微型热辐射计（microbolometer）的发展，非制冷型热红外相机应运而生，使热红外相机的价格大幅下降（Kruse et al, 1997）。与传统制冷型热红外相机相比，非制冷型热红外相机不需要额外制冷源，因此，在影像分辨率[1]和辐射分辨率相同的条件下，非制冷型热红外相机的价格一般为制冷型热红外相机价格的1/4。同时，非制冷型热红外相机的影像分辨率也不断发展，从2000年的320×240[2]发展到2018年的1 280×1 024（Zhu et al, 2018），影像分辨率的提高使影像分析更细致。此外，非制冷型热红外相机更轻、更小、更易用，可方便地利用手持、无人机系统进行观测。因此，非制冷型热红外相机被广泛地应用于夜间视觉、环境监测、工业生产、教育发展等领域（Bajcsy et al, 2010）。

§1.1 热红外影像典型应用

热红外相机在教育领域的一个典型应用是初中物理课上的能量守恒定律可视化。在初中、高中的课堂上，物理被大多数学生认为是一门很难理解的理工科学，其中一个原因是老师们缺乏直观的手段解释抽象的物理现象。例如，摩擦生热的基本原理，老师通常以罗列能量守恒公式的方式讲授，这种单一、抽象的教学方法难以让学生产生足够的学习兴趣。当物理老师讨论自由落体时，为了说明能量守恒定律，通常会说从高处掉落的石头一般先将势能转化为动能，在接触地面后，再将动能转化为热能。学生只能机械地记忆，对动能如何转化为热能缺乏深入的认识。类似地，当物理老师讲解摩擦力的重要性时，通常会说人类能够行走依赖的就是鞋子与地面之间的摩擦力，然后在黑板上写下一系列描述其背后物理原理的方程。此时有的学生会问，如果一个人走路时必须利用摩擦力做功，就一定会有一部分动能转化为热能，鞋子和地板就一定会变热，那么有没有方法证明摩擦生热的现象呢？大多数初中、高中学校不具备热红外相机，物理老师很难测量鞋子和地板的微小温度上升，因而缺乏展示摩擦生热的形象化手段。然而随

---

[1] 本书的影像分辨率指相机像素面阵。

[2] 320×240表示相机面阵大小，即76 800像素。

着高性价比非制冷型热红外相机的发展，可视化摩擦生热等物理现象已经成为现实。

一个可视化摩擦生热现象的例子是：用手指在桌子上书写文字，根据手指书写速度和按压压力，摩擦生热可以使桌子上不同位置的温度上升 2～4℃，如图 1.1（a）中的字母"IR"所示。另一个可视化能量传递现象的例子是：由于人体温度一般高于地板温度，故光脚在地板上走路，热量传递会使地板温度上升，图 1.1（b）为光脚在油毡地板上匀速行走的热红外影像，地板产生了 2℃左右的温度差。

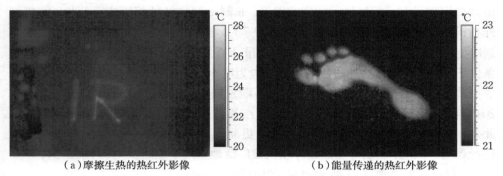

（a）摩擦生热的热红外影像　　　　　　　　　（b）能量传递的热红外影像

图 1.1　摩擦生热与能量传递的热红外影像

物体位移一般都伴随摩擦生热的现象。例如，自行车、摩托车在行驶过程中，轮胎表面与地面之间存在摩擦力，尤其是在自行车或摩托车刹车时，摩擦力达到峰值，车辆的动能在很短的时间内全部转化为热能，轮胎与地面接触部分的温度迅速上升。图 1.2 为自行车和摩托车在刹车后轮胎的热红外影像。

热红外影像具有将"看不见"的物理或化学过程可视化的能力，不仅为物理学等自然科学的教学提供了全新的方式方法，还能够在建筑物密闭性检测、夜间辅助驾驶、管道泄漏检测、输电线路检测等领域发挥重要作用。

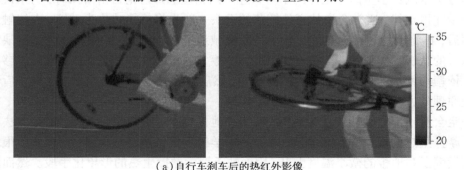

（a）自行车刹车后的热红外影像

图 1.2　车辆刹车时轮胎摩擦生热的热红外影像

（b）摩托车刹车后的热红外影像

图 1.2（续）　车辆刹车时轮胎摩擦生热的热红外影像

1. 建筑物密闭性检测

　　图 1.3 是德国勃兰登堡地区某建筑物的影像，该影像拍摄于冬季，当时的室内外温差约为 15℃。图 1.3（a）表示该建筑物的可见光影像，从影像上很难看出混凝土墙面内的建筑材料。而图 1.3（b）所示的热红外影像清楚地显示了墙面内的木质框架结构。木质框架结构是 12 世纪至 19 世纪欧洲最流行的建筑结构，该结构使用重型木材构成框架，木材之间利用砖块或涂有黏性材料的木条编织格子填充，黏性材料通常由湿土、黏土、沙子和稻草混合而成。为了隔热，半木结构建筑外通常会用一层混凝土覆盖。对于这种半木结构框架加混凝土隔热层的建筑物，热红外影像可以作为检测其密闭性的有效工具。

（a）可见光影像　　　　　　　　　　　（b）热红外影像

图 1.3　德国勃兰登堡地区某建筑物的影像

　　之所以从热红外影像上可以清楚地看出建筑物的半木结构框架，是因为木材与混凝土具有不同的导热系数（木材的导热系数较低，其温度也较低），从而产生了温度差异。此外，如图 1.3（b）所示，建筑物中间层有一个温度很高的窗户，这是因为窗户打开时，室内温度较高的空气沿窗户流动到室外，导致该窗户与周围墙面呈现较大的温度差异，因此，该温度差异并不代表窗户部分存在密闭不严的问题。但是屋顶与墙面的连接处、中间层打开窗户下方的墙面呈现热异常，这可能是由墙面的密闭性不足导致的。

图 1.4 是波兰某酒店建筑物墙壁的可见光影像和热红外影像。从热红外影像上可以看出，建筑物墙体中央存在明显的热泄漏现象，原因可能是该区域本来存在一个窗户，后来用砖石等材料进行了填充，并用灰泥等材料将窗户覆盖。在热红外影像的帮助下，房主能够很快地定位存在热泄漏的墙壁位置，进而通过加注隔热层等方式完成房屋维修。

（a）可见光影像   （b）热红外影像

图 1.4   波兰某酒店建筑物墙壁的影像

图 1.5 是欧洲某三层建筑物的可见光影像和热红外影像。影像拍摄于冬日，该房屋内部装有取暖炉。通过热红外影像可以看出，整个烟囱位于侧墙的中心位置，该取暖炉正在工作，高温气体从烟囱源源不断地冒出。由于与烟囱紧贴的墙体隔热性能较差，从图 1.5（b）中可以看出，该部分墙体与其他墙体具有约 2℃的温度差。此外，与第三层天花板邻接的墙体也存在类似密闭性较差的问题。

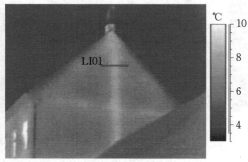

（a）可见光影像   （b）热红外影像

图 1.5   欧洲某三层建筑物的影像

2. 夜间辅助驾驶

热红外影像主要接收物体表面的热辐射，不受光照条件的影响，这一优势使其广泛地应用于夜间视觉。如图 1.6 所示，当汽车处于夜间驾驶状态下时，人眼视觉和可见光相机作用受限，难以及时准确地识别道路上的行人，而在热红外影像上，能够清楚地看到道路左侧的两名行人和右侧的一名行人。

（a）可见光影像　　　　　　　　　（b）热红外影像

图 1.6　汽车夜间驾驶的影像

3. 管道泄漏检测

图 1.7 是利用热红外影像检测管道泄漏的典型案例。图 1.7（a）是存在热泄漏的管道的热红外影像，图 1.7（b）是运行正常的管道的热红外影像。基于热红外影像的管道泄漏检测系统不需要人员进入厂房，只需要将热红外相机架设在高危管道附近，通过视频成像的方式即可完成远程监控。在视频监控的基础上，配合温度报警功能，就能实现自动化的实时管道设备状态检测。

 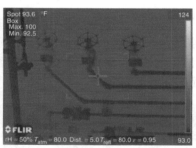

（a）存在热泄漏的管道　　　　　　（b）无热泄漏的管道

图 1.7　存在热泄漏的管道与无热泄漏的管道的热红外影像

图 1.8 是利用热红外影像进行排水阀密闭性检测的案例。利用热红外影像能够精准地定位排水阀系统上温度过热的区域，提早发现排水阀系统内易损坏的部件，进而避免可能的危险和灾难。

（a）排水阀装置的可见光影像　　　　（b）检测排水阀泄漏的热红外影像

图 1.8　检测排水阀密闭性的影像

4. 输电线路检测

图 1.9 是某个高压变电站的可见光影像和热红外影像。通过热红外影像可以看出，变电站绞合部分的电缆有两处区域存在明显热异常，热异常区域的温度相比周围电缆的更高。这种局部过热的现象主要由电缆连接不稳或接口老化导致。

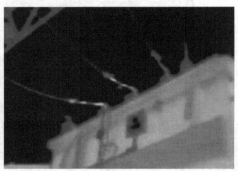

（a）可见光影像 　　　　　　　　　　　（b）热红外影像

图 1.9　高压变电站的影像

图 1.10 表示一条 130 kV 输电电缆的负载情况。相比其他温度正常的电缆，有 3 根电缆呈现整体过热的情况。经调查发现，电缆上电压负载超过了电缆规定的负载上限。因此，为了保证整个输电系统的安全，需要增加电缆的直径，降低电阻，进而保证输电安全。

（a）近距离热红外影像 　　　　　　　　　（b）远距离热红外影像

图 1.10　130 kV 输电电缆的热红外影像

随着非制冷型热红外相机的发展，特别是手机式热红外相机的出现，越来越多的消费者能够买得起热红外相机。任何拥有热红外相机的人都可以拍摄出漂亮的伪彩色影像，这极大地促进了热红外影像在应用领域的推广。但是热红外相机具有一定的专业性，其使用的效果往往有限。特别是对于非制冷型热红外相机，其在成像过程中极易受到外界因素的影响，非专业人士的解译结果极易出现错误。

为了应对气候变化、提高能源的利用率，德国政府强制要求房主对墙面进行改造，采用隔热性能更好的建筑材料，否则房主将面临高额的罚款。图 1.11 是德国柏林某建筑物的热红外影像。该影像刊登在《柏林摩根邮报》的一篇新闻报道上，新闻的作者认为房子的墙面（呈红色）存在严重的热泄漏问题。这幅影像在很多报

图 1.11　德国柏林某建筑物的热红外影像

纸、期刊上均有刊登。各文章的内容大致相同，基本都在描述影像中的红色墙面向外散发大量热量，说明墙面的密闭性差，急需翻修。然而，事实真的是这样吗？

　　首先，从热红外影像分析的角度来看，图 1.11 不是一幅具有正常温度尺度的热红外影像。右侧的温度尺度显示，最高温度（15.3℃）与最低温度（−32.6℃）之间的差异超过 47℃，温度尺度过大，无法描述墙体的精细温度变化，因而不能得出墙面密闭性差的结论。实际上，图中所有房屋相关部分的温度都在 −5℃以上，为了合理地展示墙面的温度分布，影像的温度尺度应该大幅缩小。

　　如何选择合适的温度尺度呢？将相同的热红外影像设置到不同温度尺度、不同调色板下，其目视效果如图 1.12 所示。在相同的调色板背景下，图 1.12（a）、图 1.12（b）、图 1.12（c）的温度尺度分别为 6℃、10℃和 30℃。通过对比可以看出，温度尺度越小，影像的细节信息越丰富。如果只看图 1.12（c）的热红外影像，大多数人都会认为该建筑物不存在明显的热泄漏问题。这是因为在不合理温度尺度下，影像中重要的细节信息被掩盖。在温度尺度（10℃）不变的情况下，图 1.12（d）和图 1.12（e）也呈现出完全不同的影像色调。如果读者只是将影像中的红色区域或黄色区域视为问题区域，则很容易得出错误的结论，即图 1.12（d）中的房子存在问题，而图 1.12（e）中的房子没有问题。

　　图 1.12（a）至图 1.12（e）均采用黑红黄调色板，即温度越低的地方颜色越偏黑色，温度越高的地方颜色越偏红黄色。实际上，还有很多其他的调色板可供选择。例如，图 1.12（f）采用白灰黑调色板，图 1.12（g）采用红黄黑调色板，图 1.12（h）采用黑绿红调色板。在不同的调色板下，相同影像上的同一地物会呈现出完全不同的颜色，如建筑物的门窗在不同的调色板下分别呈现红色、黄色、灰色、绿色等。因此，为了正确地解译热红外影像，选择合理的温度尺度和调色板样式至关重要。

（a）0～6℃温度尺度、黑红黄调色板　　　（b）−2～8℃温度尺度、黑红黄调色板

（c）−12～18℃温度尺度、黑红黄调色板　　（d）−5～5℃温度尺度、黑红黄调色板

（e）0～10℃温度尺度、黑红黄调色板　　　（f）−2～8℃温度尺度、白灰黑调色板

（g）−2～8℃温度尺度、红黄黑调色板　　　（h）−2～8℃温度尺度、黑绿红调色板

图 1.12　相同热红外影像在不同温度尺度、不同调色板下的目视效果

其次, 图 1.11 中建筑物的窗户是否存在热泄漏呢? 建筑物窗户的作用是促进室内室外环境的空气流通与热量交换, 而建筑物墙壁的作用是隔绝室外环境对室内的影响, 因此, 在冬季从室外拍摄建筑物时, 窗户的温度一般高于墙壁的温度。在图 1.12 中, 确实可以观察到这一现象, 然而图 1.11 中窗户的温度却比墙壁的温度低。由于建筑物墙壁的隔热性能一般远好于窗户的隔热性能, 故可以推断, 图 1.11 中建筑物的窗户具有极好的隔热性能。

如果要判断图 1.11 中的建筑物墙壁是否存在热泄漏现象, 则需要更多的先验知识。因为物体表面温度的精确解算受到很多环境因素的影响, 其中, 最为关键的因素是热红外相机放置在建筑物室内还是室外。相比室外环境, 室内热红外成像受外部因素的影响较小, 因此, 一般测量精度更高、鲁棒性更强。而在室外环境下, 非制冷型热红外相机极易受到太阳辐射、风、雨、雪、雾等因素的影响, 从而大大增加了定量温度解算的难度。此外, 不同物体具有完全不同的辐射率, 辐射率较低的材料 (如金属) 总是反射周围其他物体的热辐射, 难以利用基于热红外影像的方法实现这些材料的高精度温度测量。

综上所述, 热红外成像作为一种密闭性检测工具, 能够定位由各种原因导致的热异常。以建筑物热红外影像为例, 建筑物的不同位置上均可能产生明显的信号差异, 但是并非所有热红外影像的热异常都意味着建筑物存在结构问题或隔热材料受损。相反, 这些温度场的异常值需要仔细检验, 有些是由非制冷型热红外相机的非一致性噪声引起的, 有些是由长时间的太阳辐射引起的, 有些是由不同材料的辐射率差异导致的。即使排除了上述因素的影响, 还需要仔细分析该异常值是否在正常的温差范围内。因此, 要想全面掌握热红外影像分析技术, 需要了解相机成像与物体辐射的基本原理。

§1.2　相机成像与物体辐射基本原理

1.2.1　相机成像基本原理

热红外相机在成像时主要接收被测物体辐射、大气环境辐射和周围其他物体辐射, 如图 1.13 所示。首先, 被测物体辐射 (红线) 经过大气吸收、散射等热红外窗口衰减进入热红外相机。其次, 大气环境本身也具有一定的热辐射 (蓝线)。同时, 被测物体周围很可能也存在其他辐射体 (紫线), 利用被测物体反射等方式进入热红外相机。为了精准测量被测物体的温度, 需要首先排除大气辐射和周围物体辐射的影响, 现有大多数热红外相机具备估计大气辐射的功能, 通过输入环境温度、环境湿度等参数即可实现估算 (Budzier et al, 2011)。

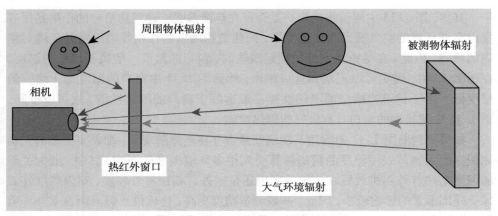

图 1.13　热红外相机接收的热辐射

1.2.2　物体热辐射与反射原理

任何温度大于绝对零度的物体都会产生热红外波段的辐射，该能量与物体自身温度密切相关。在不考虑环境辐射和其他物体辐射的条件下，可通过斯特藩-玻尔兹曼方程描述辐射能量与物体温度之间的关系，公式为

$$\Phi = \sigma T^4 \tag{1.1}$$

式中，Φ 表示物体的辐射能量，σ 表示玻尔兹曼常量，T 表示物体的辐射温度。

真实测量环境下，需要考虑大气辐射和其他物体辐射的影响，当辐射能量接触物体时，一般存在三种可能，即能量吸收、能量反射和能量透射。因此，入射在物体上的辐射能量 Φ_0 或被物体吸收 Φ_A，或被物体反射 Φ_R，或透射整个物体 Φ_T，即

$$\Phi_0 = \Phi_A + \Phi_R + \Phi_T \tag{1.2}$$

将式（1.2）左右两端除以入射能量 Φ_0，可得各项能量占入射能量的比例，有

$$1 = a + r + t \tag{1.3}$$

式中，a 表示物体吸收能量占入射能量的比例，即吸收率；r 表示物体反射能量占入射能量的比例；t 表示物体透射能量占入射能量的比例。

根据基尔霍夫定律可知，物体吸收的能量比例等于物体辐射的能量比例，因此，物体辐射率 ε 与物体吸收率 a 相等，即

$$\varepsilon = a \tag{1.4}$$

物体辐射率 ε 是指相同温度条件下，物体辐射通量与黑体辐射通量的比值，黑体的辐射率为 1，真实物体的辐射率为 0~1。进一步来说，对于大多数不透明材料（$t = 0$），基尔霍夫定律可表示为

$$\varepsilon = 1 - r \tag{1.5}$$

不同材料的发射率和辐射率差异非常大，对于抛光金属材料，物体表面辐射

率可低至 0.01，说明该材料的辐射能量几乎全部来自周围物体的反射，而非物体本身的辐射。以图 1.14 的地基热红外影像系统为例，对于反射率较高的材料，根据镜面反射的入射角等于反射角的基本原理，建筑物一层的窗户反射周围树木的温度 T_1，立面中间层的窗户反射周围建筑物的温度 T_2，建筑物顶层的窗户反射天空的温度 T_3（由于天空一般没有辐射源，故 T_3 的温度最低）。因此，对于反射率较高的物体（如玻璃），热红外相机总是在测量其反射体的温度，无法测量其本身的温度。

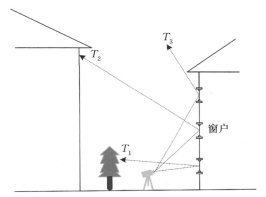

图 1.14　高反射率材料的测量示意

对于反射率较低、辐射率较高的可量测材料（如混凝土、木材），将相机响应和辐射定标参数作为输入值，可以测量物体表面的辐射温度。需要注意的是，物体的辐射温度与动力学温度不同。一般情况下，动力学温度可以通过物理接触的方式，使用温度计实现逐点精确测量。为了实现非接触式的动力学温度场解算，给出一种利用辐射温度和材料辐射率计算动力学温度的方法，表示为

$$T_{\text{rad}} = \varepsilon^{1/4} T_{\text{kin}} \qquad (1.6)$$

式中，T_{rad} 表示物体的辐射温度，ε 表示物体的辐射率，T_{kin} 表示物体的动力学温度。

因此，为了精确反演物体的动力学温度，物体辐射率的解算必不可少。物体辐射率主要与材质类型、表面粗糙程度、观测视角等因素有关。

1. 材质类型

不同材质的辐射率差异很大，蒸馏水的辐射率较高（0.99），接近于黑体（1），而金属的辐射率较低（抛光铝为 0.02，不锈钢为 0.16），通常低于 0.2。总体来说，大多数非金属材料（如纸、石材）都可以当作辐射灰体，其辐射率固定不变且一般大于 0.8。

2. 表面粗糙程度

所有物体材料表面的粗糙程度可能会改变材料本身的辐射率，特别是金属。例如，抛光金属的辐射率极低（0.02），而具有粗糙表面的金属的辐射率可达 0.8。

金属部件的表面被氧化得越严重，其辐射率通常就越高。

3. 观测视角

物体不同方向上的辐射能量与观测视角密切相关，如图 1.15 所示。理论上，对于理想黑体，任何观测视角下的物体辐射能量完全相同。但是对于真实物体又有所不同，从物体表面法线方向（$\varphi=0°$）上观测到的物体辐射能量大于倾斜视角下观测到的物体辐射能量，即随着观测视角 φ 的增大，物体辐射率越来越小（Vollmer et al, 2017）。

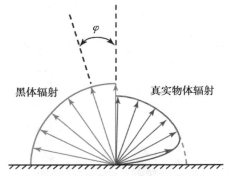

图 1.15　观测视角与黑体辐射、真实物体辐射之间的关系

对于大多数材料，从正射视角到倾斜 40°观测视角范围内，物体的辐射率保持不变，如图 1.16 所示。当倾斜观测视角大于 40°时，导体与非导体的辐射率呈现不同的变化趋势。导体（如金属）的辐射率先上升再下降，而非导体的辐射率以大致相同的速率逐渐递减（Vollmer et al, 2017）。

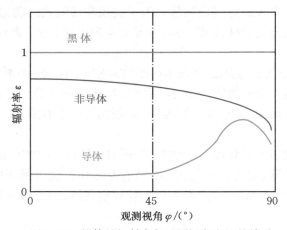

图 1.16　物体的辐射率与观测视角之间的关系

其他影响物体辐射率的因素还包括物体表面的几何结构等。

热红外相机获取的辐射能量由被测物体自身辐射和周围热源反射组成。为了正确反演被测物体的动力学温度，需要排除周围热源反射的影响且准确解算被测物体辐射率。要排除周围热源反射的影响可通过不断改变相机观测视角的方式实现。例如，在管道密闭性检测应用中，如果观测视角的改变能够导致管道某些区域的温度异常值消失，那么该异常值出现的原因很可能是周围热源的反射，而并不是被测物体自身的热泄漏。因此，为了正确反演物体表面温度，从正射视角拍摄热红外影像是最佳选择，这是因为正射视角可以最大限度地减少镜面反射的影响。此外，大倾角倾斜摄影还容易导致物体表面的辐射率发生变化，从而增加辐射率精确解算的难度。在实际应用中，如果缺乏正射视角拍摄的影像，可采用不同视角拍摄的影像的加权平均，其效果比单一视角影像的效果更好。

常用的温度单位有三种：开尔文 $T_1(\mathrm{K})$、摄氏度 $T_2(℃)$、华氏度 $T_3(℉)$，三者之间的转换公式为

$$
\left.
\begin{aligned}
T_1 &= T_2 + 273.15 \\
T_2 &= \frac{5}{9}(T_3 - 32) \\
T_3 &= \frac{9}{5}T_2 + 32
\end{aligned}
\right\}
\tag{1.7}
$$

表 1.1 列举了几个典型温度读数之间的对应关系。

表 1.1 不同温度度量单位之间的对应关系

T_1/K	$T_2/℃$	$T_3/℉$
0（绝对零度）	−273.15	−459.67
273.15	0	32
373.15	100	212
1 273.15	1 000	1 832

§1.3 典型热红外相机系统

目前市场上有两种典型的热红外相机，即制冷型热红外相机和非制冷型热红外相机。两者的主要区别在于制冷型热红外相机通常需要搭载一个额外的低温制冷源，用于将传感器温度控制在一个恒定的低温范围内。传感器温度的稳定能够确保相机不受外界环境变化的影响，在降低影像噪声的基础上，保证辐射定标模型具有较强的鲁棒性，但是制冷型热红外相机价格昂贵。非制冷型热红外相机不依赖液氮冷却器等额外制冷源，相机的体积、质量大幅降低，性价比显著提高，同等配置条件下，非制冷型热红外相机的价格约为制冷型热红外相机的四分之一。但是传感器温度极易受到周围环境因素的影响，为了保证温度反演精度，热红外

相机经销商通常会要求用户定期将相机返厂重新定标,原因是当相机温度远离定标参考值时,温度解算结果容易出现较大的漂移误差(Pedreros et al,2012)。

国际上知名的热红外相机制造商包括德国英福泰克(InfraTec)公司、美国菲力尔(FLIR)公司。下面介绍几种典型的制冷型热红外相机与非制冷型热红外相机。

1.3.1 制冷型热红外相机

1. 专业式制冷型热红外相机 InfraTec ImageIR 9400

如图 1.17 所示,该相机的分辨率、帧频、温度测量精度等指标均较高,能够精准捕捉手掌指纹上的温度场分布。相机提供两种观测模式,即高速模式和高分辨率模式。高速模式以牺牲部分分辨率为代价,采取最大帧频实现连续观测。在像元尺寸为 10 μm、影像分辨率为 1 280×1 024 的条件下,相机最大帧频可达 180 Hz。高分辨率模式利用显微成像技术和光学微扫描技术,将像元尺寸降至 1.3 μm、影像分辨率提高至 2 560×2 048,此时相机的帧频降至 60 Hz。该相机体积为 241 mm×123 mm×160 mm,质量为 4.3 kg,温度测量精度为 ±1℃,噪声等效温差优于 30 mK。

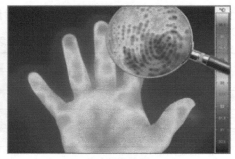

(a)InfraTec ImageIR 9400 相机　　　　　(b)指纹检测

图 1.17　InfraTec ImageIR 9400 相机及其应用

2. 高速高清制冷型热红外相机 FLIR X8500sc SLS

图 1.18　FLIR X8500sc SLS 相机

如图 1.18 所示,该相机专为科研人员设计,具有较高的影像分辨率和时间分辨率。相机内搭载了线性制冷器,用于稳定相机的温度变化,具备抵偿外界环境温度变化的能力。该相机体积为 249 mm×157 mm×147 mm,质量为 6.35 kg,影像分辨率为 1 280×1 024,像元尺寸为 12 μm,温度测量精度为 ±1℃,最大帧频为 180 Hz。

3. 气体泄漏检测式制冷型热红外相机 FLIR GF346

如图 1.19 所示，该相机能够在不中断工厂生产的条件下检测一氧化碳等 18 种危险气体泄漏。一氧化碳等危险气体泄漏对钢铁制造等工业生产构成巨大危险，通风管道中微量的有害气体泄漏就可能引起巨额经济损失，甚至造成人员伤亡。该相机能够帮助检查人员从安全距离扫描大面积待测区域，实时查明泄漏位置，减少维修停机时间，并验证维修结果。该相机具有较高的噪声等效温差（15 mK），以便区分由气体泄漏导致的微小温度差异。该相机体积为 400 mm×190 mm×510 mm，影像分辨率为 320×240。

（a）FLIR GF346 相机　　　　（b）工厂气体泄漏检测　　　　（c）热红外影像

图 1.19　FLIR GF346 相机气体泄漏检测

1.3.2　非制冷型热红外相机

1. 入门式非制冷型热红外相机 InfraTec CompactIR 400

如图 1.20 所示，该相机可以应用于建筑物密闭性检测、电力装置检查等。该相机体积为 144 mm×206 mm×114 mm，质量为 1.15 kg，影像分辨率为 384×288，像元尺寸为 25 μm，温度测量精度为 ±2℃，噪声等效温差为 45 mK，最大帧频为 60 Hz，最大出口帧频为 9 Hz。

（a）InfraTec CompactIR 400 相机　　（b）建筑物密闭性检测　　　　（c）电力装置检查

图 1.20　InfraTec CompactIR 400 相机及其应用

2. 手持式非制冷型热红外相机系统 InfraTec MobileIR 400

如图 1.21 所示，该系统同时搭载了热红外相机、可见光相机和激光指示器，便于同时获取被观测区域的热红外影像、可见光影像和位置信息，可广泛用于电力系统的安全隐患排查、质量控制等。该相机系统体积为 274 mm×110 mm×78 mm，质量为 0.65 kg,影像分辨率为 384×288,像元尺寸为 25 μm,最大帧频为 60 Hz,噪声等效温差为 45 mK。

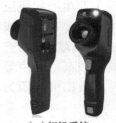  

（a）相机系统　　　　　　（b）电力系统的安全隐患检测　　　　　　（c）热红外影像

图 1.21　InfraTec MobileIR 400 相机系统及其应用

3. 固定式非制冷型热红外相机 FLIR A400

如图 1.22 所示,该相机一般固定安装于工业厂房的立面墙体上,用于实时检测工业制造过程中的热异常。在工业厂房内通过安装视角互补的多个固定式热红外相机,可以实现对固定区域长时间、实时化的远程监控。该相机的像元尺寸为 17 μm,影像分辨率为 320×240,相机体积为 123 mm×77 mm×77 mm,质量为 0.82 kg,温度测量精度为 ±2℃,噪声等效温差为 50 mK,最大帧频为 30 Hz。

4. 手持式非制冷型热红外相机 FLIR T560

如图 1.23 所示,该相机配备 4 英寸液晶显示屏和 180°可旋转镜头,采用激光辅助自动对焦技术,能够以任意角度对目标进行精准成像,相机具有机动、灵活的优势,能够快速发现电气或机械系统中的热异常和安全隐患。该相机的像元尺寸为 12 μm,影像分辨率为 640×480,相机体积为 140 mm×201.3 mm×167.3 mm,质量为 1.4 kg,温度测量精度为 ±2℃,噪声等效温差为 50 mK,最大帧频为 30 Hz。

5. 手枪式非制冷型热红外相机 FLIR E98

如图 1.24 所示,该相机可切换不同焦距的镜头,以便检查人员在安全位置测量高压、高危目标,并快速诊断电气和机械故障。该相机的像元尺寸为 12 μm,影像分辨率为 640×480,相机体积为 278.4 mm×116.1 mm×113.1 mm,质量为 1 kg,温度测量精度为 ±2℃,噪声等效温差为 40 mK,最大帧频为 30 Hz。

图 1.22　FLIR A400 相机　　　　图 1.23　FLIR T560 相机　　　　图 1.24　FLIR E98 相机

6. 手机式非制冷型热红外相机 FLIR ONE Pro

如图 1.25 所示，该相机配合智能手机使用，可同时获取可见光影像和热红外影像。可见光影像分辨率为 1 440×1 080，热红外影像分辨率为 160×120，通过可见光影像与热红外影像的融合分析可以准确定位设备的热异常。该相机体积为 68 mm×34 mm×14 mm，质量为 0.036 kg，温度测量精度为 ±5℃，像元尺寸为 12 μm，噪声等效温差为 70 mK，最大帧频为 8.7 Hz。

7. 云台海事非制冷型热红外相机 FLIR M232

如图 1.26 所示，该相机云台可以安装到任何类型的船舶上，通过方位向和俯仰向旋转，能够实现任意角度观测。尤其是在光学相机无法使用的夜间，当相机探测到海面上其他船舶、障碍物或导航标记等"非水体"目标时，会发出声音和图像警报，从而提高船只夜间行驶的安全性。此外，相比可见光射灯和雷达，该相机能够帮助乘船者更快地发现落水人员。该相机直径为 161.1 mm，高度为 229.3 mm，质量为 2.7 kg，影像分辨率为 320×240，最大帧频为 9 Hz。

8. 无人机式非制冷型热红外相机 FLIR A65

如图 1.27 所示，由于无人机的搭载能力有限，该相机的主要特点是体积小、质量轻，为无人机搭载多种不同类型的相机提供可能，进而通过融合不同类型的影像数据获取高精度的温度场测量结果。该相机体积为 106 mm×47 mm×50 mm，质量为 0.21 kg，温度测量精度为 ±5℃，影像分辨率为 640×512，像元尺寸为 17 μm，噪声等效温差为 50 mK，最大帧频为 30 Hz，最大出口帧频为 9 Hz。该相机是本书主要的研究对象。

图 1.25 FLIR ONE Pro 相机 图 1.26 FLIR M232 相机 图 1.27 FLIR A65 相机

1.3.3 热红外相机现状分析

相比非制冷型热红外相机，在额外制冷源的帮助下，制冷型热红外相机具有很多优势：①相机灵敏度更高，能够探测更微小的温度变化，噪声等效温差通常优于 30 mK，而非制冷型热红外相机的噪声等效温差约为 45 mK；②像元尺寸更小、影像分辨率更高，像元尺寸优于 12 μm，影像分辨率可达 2 560×2 048（如 InfraTec ImageIR 9400 相机），而非制冷型相机的像元尺寸为 12~25 μm，影像分辨率低于 640×512；③最大帧频更高，最大帧频一般为 180 Hz，而非制冷型热红外相机的最大帧频为 30～60 Hz。

摆脱了额外制冷源的束缚，非制冷型热红外相机的价格大幅下降。以菲力尔（FLIR）公司产品为例，轻型非制冷型热红外相机 FLIR A65 的价格在 6 000 欧元左右，而同等级的制冷型热红外相机的价格超过 25 000 欧元。为了推动非制冷型热红外相机的应用与发展，本书主要研究非制冷型热红外相机的定标及摄影测量应用。

长期以来，欧美国家对我国采取了严密的热红外成像技术封锁，禁止出口高端红外成像相机到中国。20 世纪 80 年代，美国霍尼韦尔公司研发出非制冷型探测器技术，并对该技术严格保密；20 世纪 90 年代，法国原子能委员会电子与信息技术实验室开始进行非制冷型红外探测器技术的研发，并于 2000 年前后实现产业化，其技术同样严格对外保密。红外技术是国防核心科技，严峻的形势倒逼中国企业自力更生，2007 年后，以大立科技、高德红外、热像科技、睿创微纳为代表的中国企业在非制冷型红外探测器技术上陆续取得突破，打破了欧美国家的技术垄断，为热红外成像技术在国内军民领域的规模化应用奠定了基础。与欧美国家相比，我国热红外相机研究起步较晚，其技术水平与国际前沿技术仍有差距，但是差距在不断地缩小，相信在不远的未来，我国的热红外成像技术能够迎头赶上，引领热红外成像技术的发展。

第 2 章　辐射定标

辐射定标构建了热红外影像灰度值与物体表面温度之间的关系，是物体表面温度精确反演的关键。对于制冷型热红外相机，辐射定标一般以黑体为定标源，定标模型采用经典的普朗克曲线，通过拟合相机输出值与黑体温度之间的关系确定。该类传感器在额外制冷源的帮助下可保持自身温度恒定，因此辐射定标模型参数固定不变且长期有效。然而该假设对于非制冷型热红外相机并不适用，非制冷型热红外相机极易受到周围环境因素的影响，导致相机处于非热平衡状态，出现时间非一致性和空间非一致性，严重影响影像质量，制约影像的应用。

时间非一致性由传感器自身温度变化引起，这是因为热红外相机的输出不仅取决于被观测物体的表面辐射，还与传感器自身温度有关。制冷型热红外相机中的传感器温度固定不变，因此其辐射定标模型参数固定不变且长期有效。但是，非制冷型热红外相机中的传感器易受室外环境变化的影响，导致相机响应出现系统性偏移。在传感器温度不断变化的条件下，移除来自传感器自身温度变化带来的响应对于正确反演物体表面温度至关重要。空间非一致性是由制造工艺的差异引起的，条纹噪声、渐晕噪声等固定图案噪声（fixed pattern noise，FPN）频繁出现。进一步来说，固定图案噪声也不是一成不变的，噪声的强度和形状会随自身温度发生变化，使得辐射定标模型的鲁棒性受到巨大考验（Vidas et al, 2013a）。

现有的非制冷型热红外相机厂商通常会告知用户，相机只能在热平衡稳态条件下使用。例如，相机开机后为了适应环境需要静置半小时后才能获取数据；冬季携带相机从室内走到室外作业时，也无法立刻进行高精度测量。这些使用规则严重限制了非制冷型热红外相机的室外应用，当采用无人机或汽车搭载非制冷型热红外相机进行室外摄影测量时，难免会遇到环境温度变化的情况。因此，研究顾及外界环境温度变化的辐射定标方法至关重要。

§2.1　辐射定标研究现状

为了消除非制冷型热红外相机的时间非一致性和空间非一致性，排除周围环境对热红外相机的影响，需要进行辐射定标。现有辐射定标方法大致可分为两类，即基于辐射源的定标方法和基于场景变化的定标方法。

2.1.1　基于辐射源的定标方法

最常用的基于辐射源的定标方法是单点校正法和两点校正法（Liu et al, 2018）。基于辐射源的定标方法将黑体作为定标源，假设影像灰度值与物体辐射之间存在线性关系，通过最小二乘拟合确定定标模型参数。基本定标模型的公式为

$$V_{\mathrm{korr},mn} = gain_{mn} \cdot V_{\mathrm{raw},mn} + offset_{mn} \tag{2.1}$$

式中，$V_{\mathrm{raw},mn}$ 表示原始影像像素（m,n）处的灰度值，$V_{\mathrm{korr},mn}$ 表示校正影像像素（m,n）处的灰度值，$gain_{mn}$ 表示像素（m,n）处的增益参数，$offset_{mn}$ 表示像素（m,n）处的漂移参数。

单点校正法一般假设增益参数固定不变，在定标过程中，根据黑体温度，仅更新漂移参数的值。对于两点校正法，首先，需要将黑体温度设置为两个不同的值；然后，利用线性拟合确定每个像素的增益参数和漂移参数；最后，利用校正模型和参数消除应用影像的空间非一致性影响，提高影像质量和温度解算精度。

单点校正法和两点校正法的应用假设是每个像素的辐射定标参数（增益参数和漂移参数）固定不变。然而，非制冷型热红外相机的传感器温度极易受到周围环境变化（如环境温度、风力）的影响，大量研究表明，非制冷型热红外相机的响应与传感器温度相关（Pedreros et al, 2012; Liu et al, 2018）。在实验室定标环境下，将相机放入人工气候室，当对参考辐射源（黑体）进行长时间观测时，该现象变得非常明显。当黑体温度不变时，理论上相机响应也应该保持不变，但是实验发现，当周围环境温度快速变化时，相机响应会出现很大的系统误差。也就是说，受到周围环境变化的影响，在某一传感器温度下确定的辐射定标参数并不能直接应用于其他环境条件，往往需要周期性重新定标。

现有商用热红外应用系统主要采用快门校正法实现相机的周期性定标。Nugent 等（2014）首先将快门影像作为参考影像，然后将场景影像与参考影像之差作为被测物体的热辐射。Budzier 等（2015）利用相机快门模拟黑体辐射源，在实际应用中通过周期性重新定标抵偿由外界温度变化导致的相机响应漂移。然而，当相机快门关闭时，相机的有效帧频下降，无法正常观测地物。因此，越来越多的学者开始研究非快门校正方法。

非快门校正方法的主要优势是不需要关闭快门，即可实现地物的连续观测，该特性对于无人机、车载视频观测尤为重要。考虑增益参数对传感器温度变化不敏感，Liang 等（2017）、Liu 等（2018）首先使用两点校正法计算增益参数，并将不同传感器温度下获取的漂移参数存入列表，然后在应用中分别使用拉格朗日插值法、最小二乘法更新漂移参数。非快门校正方法的主要问题是定标模型的参数并非长期有效，且模型泛化能力有限，无法解决相机温度非稳态变化的情况。Tempelhahn 等（2016）在相机内放置了四个温度测量仪，该方法利用不同位置的实时温度测量

值模拟相机内部的热量传递过程，并通过多元线性回归模型有效补偿了由周围环境温度变化带来的影响。Ribeiro-Gomes 等（2017）对比了线性模型、多项式模型、神经网络模型的非一致性校正结果，并指出神经网络模型的计算复杂度最高、温度反演精度最高。但是现有方法都没有充分考虑传感器温度快速变化的情况。

2.1.2　基于场景变化的定标方法

基于辐射源的定标方法在应用前，需要经历长时间的实验室黑体定标过程。为了摆脱对黑体的依赖，减少计算资源的损耗，很多学者开始研究基于场景变化的定标方法。该方法在应用中根据场景变化直接估算定标参数，其优势在于能够避免长时间的黑体定标过程（Liu et al, 2015）。常用的基于场景变化的定标方法包括统计模型法、神经网络校正方法和基于配准的方法。

Cao 等（2017）首先利用一阶水平差分统计模型描述列状条纹固定图案噪声，然后采用全局校正与局部校正相结合的统计模型法消除列状条纹固定图案噪声的影响。Rong 等（2016）提出基于自适应学习率的神经网络校正方法，该方法能够有效降低非一致性校正过程中的鬼影效应，提高影像的对比度。Kuang 等（2018）利用 U-Net 卷积神经网络学习复杂条纹噪声的出现规律，并在保持影像边缘特征的条件下实现列状条纹去噪。Liu 等（2015）首先利用相位信息实现影像序列内相邻两幅影像的配准，并估算其重叠度；然后利用最小二乘法解算相机的增益参数和漂移参数。基于场景变化的定标方法的潜在问题是定标过程中必须伴随相邻影像的显著灰度变化，否则容易出现鬼影效应。

综上所述，现有辐射定标方法普遍存在鲁棒性不强，无法解决传感器温度快速变化的问题。传感器温度快速变化主要由外界环境温度变化及相机自加热引起。当轻型非制冷型热红外相机应用于室外环境时，传感器温度极易受到环境温度变化及风速条件的影响，此时，原有的辐射定标模型不再有效。因此，为了实现物体表面温度的精确反演，首先需要移除由传感器温度变化引起的响应误差。

§2.2　顾及传感器温度快速变化的辐射定标

针对传感器温度快速变化场景，本章提出了一种非快门辐射定标方法。首先，利用两个与传感器温度相关的多项式校正模型实现时间非一致性校正；然后，利用多点校正实现空间非一致性校正，消除固定图案噪声的影响；最后，利用普朗克曲线完成从影像灰度值到物体表面温度的转换。该方法通过黑体实验室的辐射定标场实现。

2.2.1　辐射定标场设置

当传感器温度恒定时，每一款热红外相机都有自身的响应函数，如线性函数

（Nugent et al, 2013）、二项式函数（Cao et al, 2013；Budzier et al, 2015；Tempelhahn et al, 2016）等。不过，由于涉及商业秘密，响应函数很难直接获取，一般需要通过实验确定。为了获得轻型热红外相机 FLIR A65 的辐射定标模型，将相机放置在一个可控温度箱中。温度箱用于模拟室外天气环境的变化，相机通过温度箱的孔洞观测黑体。黑体作为参考定标源存在。整个辐射定标场如图 2.1 所示，热红外相机 FLIR A65 的各项参数参见 1.3.2 节。水浴黑体能够保证相机上每个像素都对应相同的辐射温度，在定标过程中主要用于拟合计算每个像素的定标参数；而四元素黑体能够在视场范围内提供四个不同的物体温度，主要用于定标参数的精度评价。

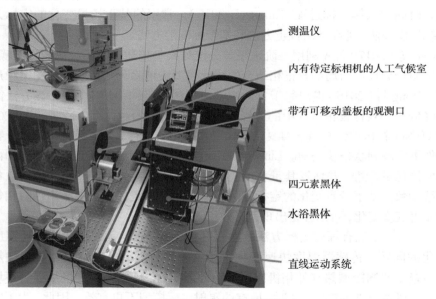

测温仪

内有待定标相机的人工气候室

带有可移动盖板的观测口

四元素黑体

水浴黑体

直线运动系统

图 2.1 黑体辐射定标场

　　为了准确解算每个像素的辐射定标参数，这里利用水浴黑体获取热红外影像序列。在每 1 组影像序列的获取时间内，黑体温度保持不变，同时大幅改变温度箱内的环境温度。具体而言，本实验共获取了 7 组热红外影像序列，水浴黑体温度分别设置为 10℃、20℃、30℃、40℃、45℃、50℃和 60℃。在每 1 组影像序列范围内，温度箱温度的变化趋势均设置为 10℃至 40℃再至 15℃。

　　受到环境温度剧烈变化的影响，传感器最大温度变化速率大于 1℃/min，如图 2.2 所示。在室外移动制图的应用场景（如无人机航拍）下，轻型非制冷型相机极易受到突发天气变化因素（如大风）的影响，出现传感器温度快速变化的情况。因此，精准校正相机的时间非一致性和空间非一致性至关重要。

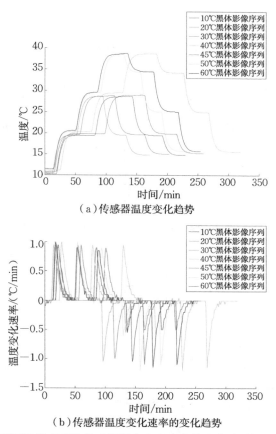

（a）传感器温度变化趋势

（b）传感器温度变化速率的变化趋势

图 2.2　不同影像序列的传感器温度和温度变化速率随时间的变化趋势

2.2.2　辐射定标模型确定

　　针对 40℃黑体影像序列，选取四个典型像素作为分析对象，传感器温度、相机壳体温度和四个像素灰度值随时间的变化趋势如图 2.3 所示。

　　从图 2.3 可以看出，热红外相机的响应受到传感器温度变化的影响，因此，当传感器温度快速变化时，很难精确地测算物体表面的温度值。为了克服这一困难，本节提出了一种非快门时间非一致性校正方法。

　　首先，根据传感器温度变化速率，将所有热红外影像分为稳定影像（等于 0℃/min）、相对稳定影像（小于等于 0.5℃/min）和不稳定影像（大于 0.5℃/min）。然后，采用一阶多项式和二阶多项式模型描述传感器温度与稳定影像灰度值之间的关系。一阶和二阶多项式拟合结果对比如图 2.4 所示。

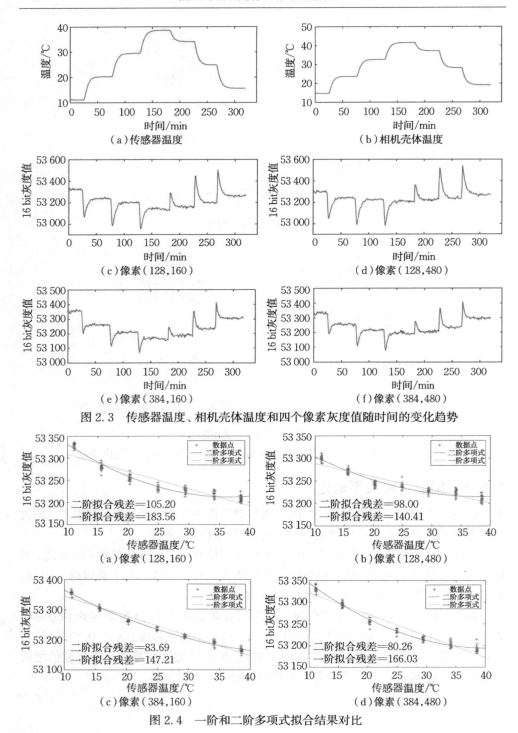

图 2.3　传感器温度、相机壳体温度和四个像素灰度值随时间的变化趋势

图 2.4　一阶和二阶多项式拟合结果对比

　　以四个典型像素为例，其二阶多项式拟合残差远小于一阶多项式拟合残差。经统计，所有像素的平均二阶多项式拟合残差（103.17）小于线性模型的拟合残差（162.08），因此，选择二阶多项式模型，表达为

$$V_o(r,c) = a_1(r,c)T_s^2 + b_1(r,c)T_s + c_1(r,c) \qquad (2.2)$$

式中，T_s 表示当前影像对应的传感器温度，$V_o(r,c)$ 表示当传感器温度为 T_s 时像素 (r,c) 处的灰度值，$a_1(r,c)$、$b_1(r,c)$、$c_1(r,c)$ 表示像素 (r,c) 的二阶多项式参数。四个典型像素的二阶多项式拟合结果如表 2.1 所示。

表 2.1　四个典型像素的二阶多项式拟合结果

拟合结果	像素(128,160)	像素(128,480)	像素(384,160)	像素(384,480)
$a_1(r,c)$	0.17	0.11	0.13	0.16
$b_1(r,c)$	−12.26	−8.54	−13.37	−13.06
$c_1(r,c)$	53 437.02	53 377.84	53 484.26	53 458.16

　　选取某一传感器温度作为参考温度 T_{ref}，可以得到

$$V_c(r,c) = a_1(r,c)T_{\text{ref}}^2 + b_1(r,c)T_{\text{ref}} + c_1(r,c) \qquad (2.3)$$

式中，$V_c(r,c)$ 表示当传感器温度为 T_{ref} 时像素 (r,c) 处的灰度值。

　　将式（2.3）与式（2.2）作差，可将影像序列中的每一幅影像投影至参考水平，可以得到

$$V_c(r,c) = V_o(r,c) + b_1(r,c)(T_{\text{ref}} - T_s) + a_1(r,c)(T_{\text{ref}}^2 - T_s^2) \qquad (2.4)$$

　　如图 2.5 所示，二阶多项式校正后，稳定影像和相对稳定影像处于大体相同的灰度量级。此时，不稳定影像仍然存在较大的漂移误差。但是从图 2.5 可以看出，传感器温度变化速率与不稳定影像系统误差之间存在联系。

　　类似二阶多项式校正方法，再采用三阶多项式和四阶多项式模型描述不稳定影像灰度值与传感器温度变化速率之间的关系，并利用所有像素的欧几里得拟合残差判断多项式的最优阶数。三阶和四阶多项式拟合结果对比如图 2.6 所示。

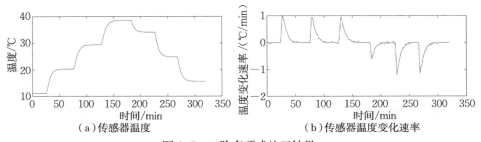

（a）传感器温度　　　　　　　　　　（b）传感器温度变化速率

图 2.5　二阶多项式校正结果

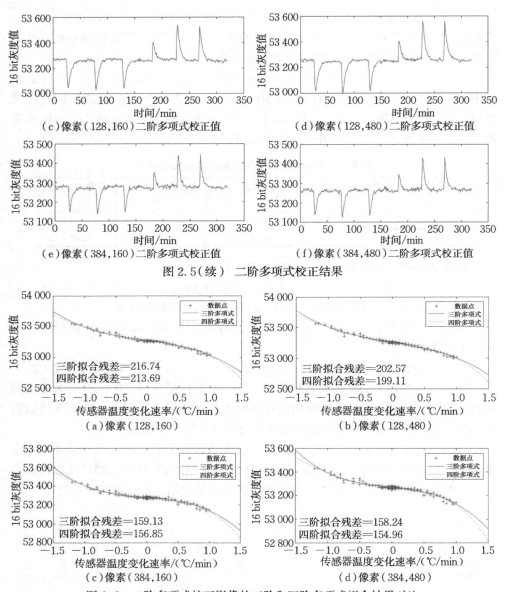

（c）像素（128,160）二阶多项式校正值　　　　（d）像素（128,480）二阶多项式校正值

（e）像素（384,160）二阶多项式校正值　　　　（f）像素（384,480）二阶多项式校正值

图 2.5（续）　二阶多项式校正结果

（a）像素（128,160）　　　　　　　　　（b）像素（128,480）

（c）像素（384,160）　　　　　　　　　（d）像素（384,480）

图 2.6　二阶多项式校正影像的三阶和四阶多项式拟合结果对比

　　以四个典型像素为例，三阶多项式拟合残差与四阶多项式拟合残差近似相等。经统计，所有像素的四阶多项式拟合残差（198.30）与三阶多项式拟合残差（201.14）几乎一致，为了避免过度拟合，此处采用三阶多项式校正模型描述不稳定影像灰度值与传感器温度变化速率之间的关系，表达为

$$V_{\text{offset}}(r,c) = d_2(r,c) + c_2(r,c) \cdot \Delta T_s + b_2(r,c) \cdot \Delta T_s^2 + a_2(r,c) \cdot \Delta T_s^3 \quad (2.5)$$

$$\Delta T_s(i) = \begin{cases} T_s(i+1) - T_s(i), & \text{当 } i=1 \\ [T_s(i+1) - T_s(i-1)]/2, & \text{当 } 1 < i < n \\ T_s(i) - T_s(i-1), & \text{当 } i=n \end{cases} \quad (2.6)$$

式中，ΔT_s 表示传感器温度变化速率，i 表示当前影像索引号，n 表示影像序列的影像帧数，$V_{offset}(r,c)$ 表示利用基于传感器温度变化速率 ΔT_s 的三阶多项式模型得到的拟合影像灰度值，$a_2(r,c)$、$b_2(r,c)$、$c_2(r,c)$、$d_2(r,c)$ 表示三阶多项式模型校正参数。

进而以二阶多项式模型校正影像为输入，采用三阶多项式校正模型实现所有影像的时间非一致性校正，表达为

$$V_f(r,c) = V_c(r,c) - [c_2(r,c) \cdot \Delta T_s + b_2(r,c) \cdot \Delta T_s^2 + a_2(r,c) \cdot \Delta T_s^3] \quad (2.7)$$

式中，$V_c(r,c)$ 表示像素 (r,c) 经过二阶多项式校正后的结果，$V_f(r,c)$ 表示像素 (r,c) 的时间非一致性校正结果。四个典型像素的三阶多项式拟合结果如表 2.2 所示。

表 2.2　四个典型像素的三阶多项式拟合结果

拟合结果	像素(128,160)	像素(128,480)	像素(384,160)	像素(384,480)
$a_2(r,c)$	-83.98	-80.36	-74.26	-72.30
$b_2(r,c)$	-7.23	-3.90	-4.89	-6.70
$c_2(r,c)$	-144.01	-169.21	-57.51	-60.36
$d_2(r,c)$	53 262.55	53 255.48	53 276.11	53 266.73

三阶多项式校正后，时间非一致性校正完成。此时，由传感器温度变化引起的相机响应被移除，影像灰度值可认为只与物体的辐射有关，但是固定图案噪声仍然严重降低影像质量。因此，本节利用多点校正方法实现空间非一致性校正。多点校正是两点校正的改进版，在物体观测温度的上下限范围内应用更多的影像和最小二乘法解算空间非一致性校正参数（增益参数和漂移参数），有助于提高辐射定标精度。空间非一致性校正模型的公式为

$$V_{object}(r,c) = gain(r,c) \cdot V_f(r,c) + offset(r,c) \quad (2.8)$$

式中，$V_{object}(r,c)$ 表示像素 (r,c) 处与物体辐射相关的灰度值，$gain(r,c)$ 表示像素 (r,c) 的增益参数，$offset(r,c)$ 表示像素 (r,c) 的漂移参数，$V_f(r,c)$ 表示像素 (r,c) 的时间非一致性校正结果。

上述所有定标模型的参数，包括时间非一致性校正参数（二阶、三阶多项式校正参数）和空间非一致性校正参数（增益参数、漂移参数）均与每个像素的属性有关。这些参数被存储在与影像长宽一致的矩阵中。需要注意的是，时间非一致性校正参数的适用范围与传感器最大温度变化速率相关。本节参数在传感器温度变化速率为 1℃/min 的条件下进行拟合，难以应用于更具挑战性的外界环境条件（如

2℃/min 的温度变化速率)。不过,对于 FLIR A65 相机,1℃/min 的传感器温度变化速率能对应强风或 5℃/min 的环境温度变化速率,这已经是该相机应用的极限。在更加极端的天气条件下,受高对流传热和急冷急热效应的影响,即使对该相机进行了高精度的辐射定标,也不具备室外应用的条件(Vollmer et al, 2017)。

最后,利用普朗克曲线完成从影像灰度值到物体表面温度的转化。R、B、F、O 是普朗克曲线参数,如图 2.7 所示。这些参数对于所有像素来说,都是相同的且固定不变的。因此,利用式(2.9)可以实现影像灰度值到物体表面温度的转化(Tempelhahn et al, 2016),即

$$T_o(r,c) = \frac{B}{\ln\left(\dfrac{R}{V_{\text{object}}(r,c) - O} + F\right)} \tag{2.9}$$

式中,$V_{\text{object}}(r,c)$ 表示像素(r,c) 经过时间非一致性和空间非一致性校正的影像灰度值;$T_o(r,c)$ 表示像素(r,c) 的物体温度;R、B、F、O 表示普朗克曲线参数,其中 F 一般设置为 1。

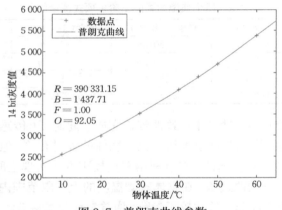

图 2.7 普朗克曲线参数

用均方根误差(root mean square error, RMSE)计算所有影像序列的定标精度,计算公式为

$$RMSE(i) = \sqrt{\frac{1}{I \times J} \sum_{r=1}^{I} \sum_{c=1}^{J} (\hat{T}_{r,c}(i) - T_{r,c}(i))^2} \tag{2.10}$$

式中,$I \times J$ 表示影像的像素数,$\hat{T}_{r,c}(i)$ 表示影像 i 上像素(r,c) 的反演温度,$T_{r,c}(i)$ 表示影像 i 上像素(r,c) 对应的黑体温度。

§2.3 实验结果对比与分析

本节使用水浴黑体和四元素黑体两种黑体辐射源对比本章方法、传统非快门校正方法（Cao et al, 2013; Nugent et al, 2013）和传统快门校正方法（Nugent et al, 2014; Budzier et al, 2015）的优劣。本章辐射定标方法的流程如图 2.8 所示。

首先，获取应用影像序列及其对应的传感器温度序列；其次，利用基于传感器温度的二阶多项式校正模型和基于传感器温度变化速率的三阶多项式校正模型实现时间非一致性校正；再次，利用多点校正方法实现空间非一致性校正；最后，利用普朗克曲线模型实现物体表面温度的解算。

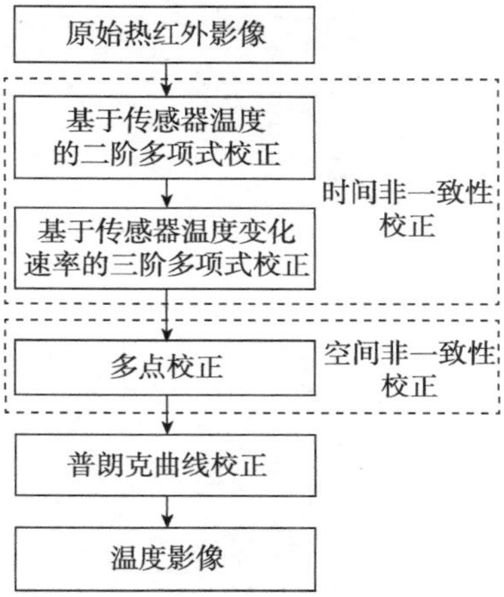

图 2.8 本章辐射定标方法流程

2.3.1 定标参数鲁棒性验证

这里存在一个需要验证的问题：只有当各定标参数都与传感器温度无关且与物体温度无关时，该辐射定标方法才具备较强的鲁棒性。时间非一致性校正后，一般认为相机响应不再受传感器温度变化的影响，因此，空间非一致性校正参数以及普朗克曲线参数具备较强的鲁棒性，但是时间非一致性校正参数的鲁棒性需要进行进一步检验。

以二阶多项式参数为例进行说明，三阶多项式参数的情况类似。首先在不同黑体温度影像序列下解算二阶多项式参数 a_1 和 b_1，结果如图 2.9 所示。

将 20℃黑体影像序列拟合参数应用于 30℃黑体影像序列进行定标参数鲁棒性测试，结果如图 2.10 所示。从图 2.9 和图 2.10 可以看出，对于相同的像素，尽管不同影像序列下解算的二阶多项式参数并不完全相同，但是由不同影像序列拟合的曲线总是平行的，且只有非平行性才会在多项式校正中引入误差。实际上，这些相对较大的平行位移主要是由进行多项式参数拟合时不同的黑体温度决定的，而相对较小的非平行误差主要是由拟合残差引起的。

为了验证提出方法的稳定性和有效性，本节将均方根误差的平均值和最大值作为评价指标，利用交叉验证的方法完成精度评价，评价结果如图 2.11、表 2.3 所示。图 2.11（h）表示各组影像序列分别利用自身拟合参数进行精度评价。例如，将 10℃黑体影像序列拟合参数应用于 10℃黑体影像序列，将 40℃黑体影像序列拟合参数应用于 40℃黑体影像序列，以此类推。该辐射定标精度在理论上是最优的，但在实际应用中并不可行，因为测量前不知道物体的实际温度。

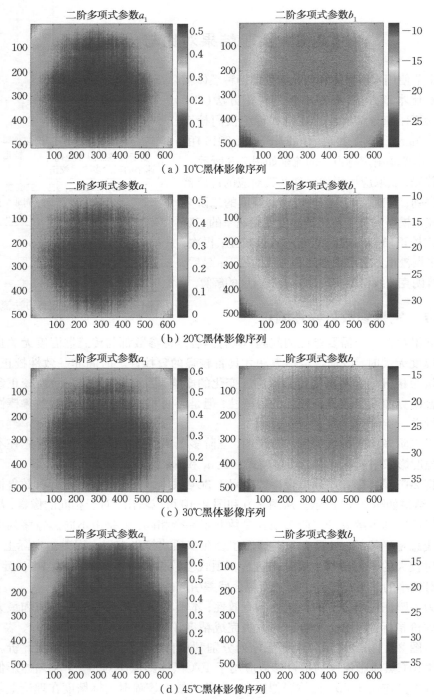

图 2.9　不同黑体影像序列解算的二阶多项式参数可视化

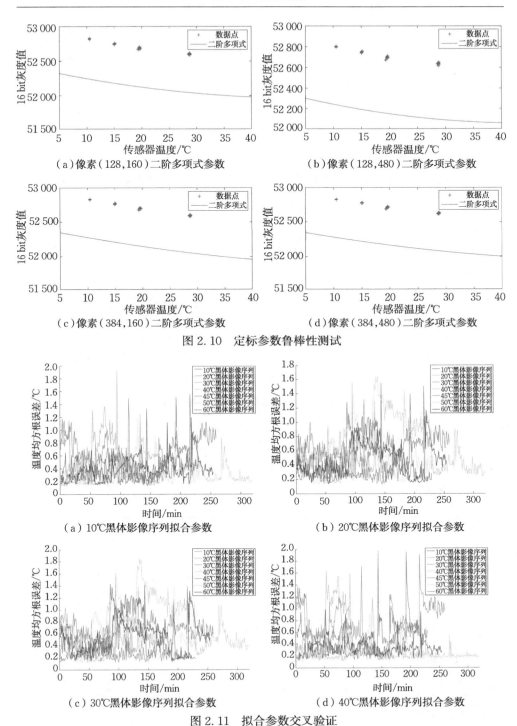

（a）像素（128,160）二阶多项式参数

（b）像素（128,480）二阶多项式参数

（c）像素（384,160）二阶多项式参数

（d）像素（384,480）二阶多项式参数

图 2.10 定标参数鲁棒性测试

（a）10℃黑体影像序列拟合参数

（b）20℃黑体影像序列拟合参数

（c）30℃黑体影像序列拟合参数

（d）40℃黑体影像序列拟合参数

图 2.11 拟合参数交叉验证

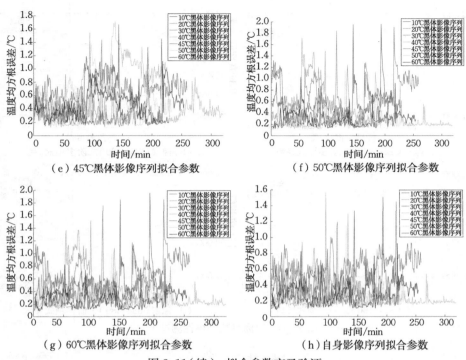

（e）45℃黑体影像序列拟合参数　　　　　　（f）50℃黑体影像序列拟合参数

（g）60℃黑体影像序列拟合参数　　　　　　（h）自身影像序列拟合参数

图2.11（续）　拟合参数交叉验证

表2.3　均方根误差的平均值和最大值　　　　　　单位：℃

黑体影像序列	10℃拟合参数		20℃拟合参数		30℃拟合参数		40℃拟合参数	
	平均值	最大值	平均值	最大值	平均值	最大值	平均值	最大值
10℃影像序列	0.39	1.51	0.48	1.55	0.55	1.44	0.44	1.97
20℃影像序列	0.52	1.93	0.46	1.56	0.50	1.61	0.59	1.64
30℃影像序列	0.45	1.49	0.31	1.32	0.26	1.20	0.57	1.72
40℃影像序列	0.37	0.93	0.66	1.65	0.75	1.85	0.22	0.86
45℃影像序列	0.64	1.56	0.64	1.51	0.63	1.39	0.65	1.91
50℃影像序列	0.37	1.19	0.52	1.40	0.60	1.59	0.27	0.93
60℃影像序列	0.39	1.20	0.47	1.19	0.53	1.31	0.35	0.99

黑体影像序列	45℃拟合参数		50℃拟合参数		60℃拟合参数		自身参数	
	平均值	最大值	平均值	最大值	平均值	最大值	平均值	最大值
10℃影像序列	0.49	1.67	0.45	1.96	0.42	1.95	0.39	1.51
20℃影像序列	0.45	1.55	0.58	1.72	0.53	1.52	0.46	1.56
30℃影像序列	0.29	1.44	0.56	1.84	0.48	1.76	0.26	1.20
40℃影像序列	0.66	1.72	0.27	1.12	0.30	0.96	0.22	0.86
45℃影像序列	0.63	1.45	0.61	1.91	0.62	1.86	0.63	1.45
50℃影像序列	0.51	1.39	0.22	1.15	0.26	0.99	0.22	1.15
60℃影像序列	0.46	1.12	0.29	1.03	0.27	0.93	0.27	0.93

从图 2.11、表 2.3 可以看出，当使用不同的拟合参数时，均方根误差的平均值和最大值并无明显的差异。也就是说，对于同一组应用影像序列，使用任意一组时间非一致性校正参数可以得到几乎相同的辐射定标结果。综上所述，时间非一致性校正参数与传感器温度无关，与物体温度无关，具有较强的鲁棒性。

2.3.2　与传统定标方法的对比分析

本节主要对比本章方法、传统非快门校正方法和传统快门校正方法在传感器温度快速变化情况下的优劣。辐射定标精度对比结果如图 2.12、表 2.4 所示，其中图 2.12（a）表示本章方法（使用 20℃黑体影像序列拟合参数）的辐射定标精度，图 2.12（b）表示传统非快门校正方法（Nugent et al, 2013）的辐射定标精度。从表 2.4 可以看出，与传统非快门校正方法相比，本章方法在所有影像序列中均方根误差的平均值和最大值都更小。需要注意的是，水浴黑体具有 ±0.05℃的温度偏差。

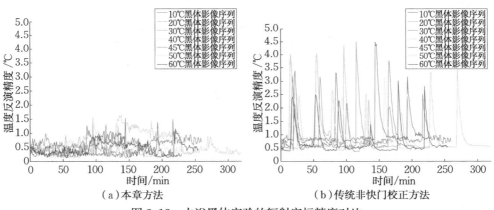

图 2.12　水浴黑体实验的辐射定标精度对比

表 2.4　本章方法与传统非快门校正方法的辐射定标精度对比　　　单位：℃

黑体影像序列	本章方法		传统非快门校正方法	
	平均值	最大值	平均值	最大值
10℃影像序列	0.48	1.55	1.12	4.51
20℃影像序列	0.46	1.56	1.15	4.38
30℃影像序列	0.31	1.32	0.89	4.54
40℃影像序列	0.66	1.65	0.76	3.42
45℃影像序列	0.64	1.51	0.86	3.79
50℃影像序列	0.52	1.40	0.78	3.14
60℃影像序列	0.47	1.19	0.75	3.03

进一步，利用四元素黑体对比本章方法与传统快门校正方法（FLIR GEV

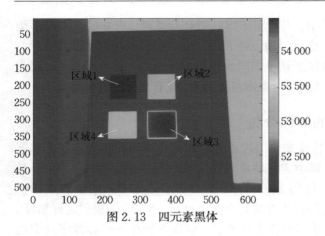

图 2.13　四元素黑体

软件）的辐射定标精度，如图 2.13 所示。四元素黑体能够在视场范围内提供四个不同的物体温度用于评价定标精度。此外，四元素黑体实验中的均方根误差是在各温度区域而非整幅影像上计算获得的。

本章方法与传统快门校正方法的辐射定标精度对比如图 2.14 所示。从图 2.14 可以看出，相比 FLIR GEV 软件的传统快门校正方法，本章方法能够取得更高的辐射定标精度。具体来说，本章方法在四个区域中均方根误差的平均值更低（0.23℃、0.51℃、0.08℃、0.40℃），均方根误差的最大值也更低（1.45℃、1.50℃、0.57℃、0.77℃）；而 FLIR GEV 软件的解算精度较低（均方根误差的平均值为 1.17℃、0.92℃、0.56℃、0.74℃，均方根误差的最大值为 4.81℃、2.64℃、1.49℃、2.02℃）。需要注意的是，四元素黑体具有 ±0.10℃的温度偏差。

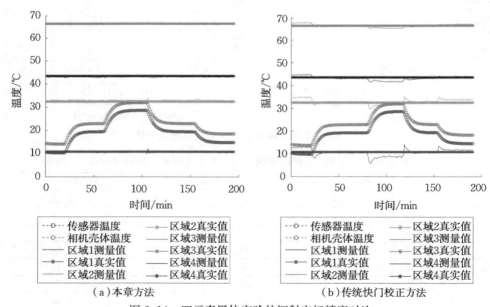

图 2.14　四元素黑体实验的辐射定标精度对比

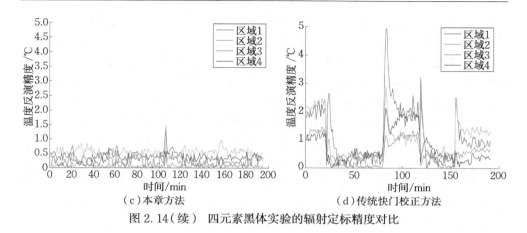

图 2.14（续）　四元素黑体实验的辐射定标精度对比

§2.4　本章小结

　　针对传感器温度快速变化的情况，本章提出了一种新型非快门辐射定标方法。该方法的优点如下。

　　（1）传统非快门校正方法容易忽视传感器温度快速变化导致的额外系统误差；而传统快门校正方法中，在传感器温度快速变化的条件下，"快门温度约等于传感器温度"这一假设不再成立。本书提出的非快门辐射定标方法能够保证相机在稳定和不稳定的条件下，均能够精确地反演物体表面的温度。

　　（2）现有辐射定标方法主要顾及相机的空间非一致性，忽视了传感器温度快速变化下的时间非一致性问题。本章方法在空间非一致性校正前完成了时间非一致性校正，能够确保增益参数和漂移参数不变。

　　（3）在室外测量实际应用中，测量目标的局部温度差异代表热异常。当传感器温度快速变化时，利用传统快门校正方法和传统非快门校正方法得到的最大温度反演误差最大可达 5℃，该误差严重降低了相机的实际应用精度，极易导致热异常误判率上升。而本章方法可将最大误差降低至 2℃ 以内，从而有效提高建筑物热裂缝监测、水体污染源检测等应用的识别精度。

　　（4）由于物体表面温度反演精度与选用的时间非一致性校正参数有轻微的相关性，在实际应用前，预先估计物体表面的温度，并使用最临近的时间非一致性校正参数有助于提高物体温度反演的精度。

　　本章方法也存在一些潜在的不足，改进方向如下。

　　（1）当物体温度或环境温度超出辐射定标过程中预设温度的上、下限时，相机测量误差将会显著增加。具体而言，在本书中，黑体的温度范围被设置为 10~60℃，该范围对应可靠物体温度反演的上、下限。当被测物体的温度超出此范围时，相机的测量误差可能会大幅上升。类似地，在实验室定标过程中，相机的传感器温度范围被设置为 10～40℃，在室外环境下，当相机的传感器温度超出此范围时，被摄物体的温度反演精度也会下降。因此，应根据实际应用的需求，设置辐射定标场景的环境变量（包括传感器温度范围、黑体温度范围等），即辐射定标过程中环境变量的变化范围应当涵盖相机应用场景下环境变量的变化范围。

（2）本章辐射定标方法的精度受内部温度计测量精度与温度计个数的限制。在时间非一致性三阶多项式校正模型中，本书将℃/min 作为统计单位，该统计单位在视频处理领域不够精确。例如，在流体测速领域，相机通常使用最大帧频获取影像序列，FLIR A65 相机的最大帧频为 30 Hz，表示该相机在 1 s 内可获取 30 帧影像，因此，这种情况更适合将℃/s 作为统计单位。但是，由于 FLIR A65 相机内部安装的温度计精度有限（0.01℃），如果将℃/s 作为统计单位进行定标，则难以生成准确的辐射定标模型。具体而言，在本章研究中，传感器最大温度变化速率约为 1℃/min，大致相当于 0.017℃/s。但是测量传感器温度的温度计精度约为 ±0.01℃。因此，对于 FLIR A65 相机，除非使用更精确的温度计（如 0.001℃），否则无法将℃/s 作为传感器温度变化速率的计量单位。此外，FLIR A65 相机内仅含有两个温度计，本章主要利用传感器温度表示相机温度。如果可以安装更多的测量设备，实时监测相机内多个不同位置的温度作为输入，利用多元多项式模型或者神经网络模型就能够更好地拟合由外界环境温度变化引起的系统误差，进一步提高相机的辐射定标精度。

第3章 几何定标

几何定标模型构建了影像像点坐标与三维地面点坐标之间的关系,是实现精准影像定位的关键,需要解算的模型参数包括主距、主点、畸变参数等相机内方位元素(Zhang, 2000)。传统可见光相机的定标场一般由黑白棋盘格或圆形黑白编码目标构成。但是由于黑白定标场的材质、温度均一致,无法为特征检测提供足够的影像对比度,因而不适用于热红外相机。为此,相关学者利用额外热源产生的温度差或不同材料的辐射率差异构建几何定标,生成具有高对比度的热红外定标影像(Yang et al, 2011)。在获取了具有较高对比度的热红外定标影像序列后,即可利用自检校光束法平差实现相机内方位元素的解算。

§3.1 几何定标研究现状

现有热红外几何定标场的构建方法主要分为三种,即基于辐射率的方法、基于温度差的方法以及两者融合的方法。

3.1.1 基于辐射率的方法

基于辐射率的方法主要利用不同材料的辐射率差异提高热红外定标影像的对比度,从而大幅提高特征角点检测的精度。Bison 等(2012)利用带有孔洞的平面铝板生成了具有高对比度的热红外几何定标影像。Yastikli 等(2013)制作了一个具有 3 层深度结构的铁制三维定标场,该定标场将 77 个塑料目标点作为控制点。为了使其能同样应用于可见光相机,目标区域被涂成了黑白间的图案。Lagüela 等(2011, 2012)在黑色纸板上镶嵌了铝制目标,将其作为定标场,实验结果显示基于辐射率的定标场优于基于燃烧灯的温度差定标场。Alba 等(2011)在木质结构上镶嵌了 38 个铁钉,将其作为带有控制点的定标场。Westfeld 等(2015)利用不同材料的辐射率差异构建了三维定标场,将圆形银箔作为目标均匀地镶嵌在黑色丝绒箔背景板上。基于辐射率的方法不需要额外热源制造温度差,使用方便,但有时无法保证热红外定标影像具有足够的对比度。

3.1.2 基于温度差的方法

基于温度差的方法主要利用额外热源(如燃烧灯)产生的温度差异增强热红外定标影像的对比度。Lagüela 等(2011)在 1 块木板上建立了 1 个包含 64 个燃烧灯的定标场，燃烧灯被布置为 8×8 的方格形状，形成标准的二维棋盘格定标影像。定标结束后，利用 1 个包含 5 个球体和 7 个不同大小立方体的模型验证几何定标的精度。Luhmann 等（2011，2013）对比了基于主动式燃烧灯的二维（2D）平面定标场和基于圆形反射材料（自粘箔）的三维（3D）立体定标场。实验结果显示，二维平面定标场的平均反投影误差为 0.3 像素，而三维立体定标场的平均反投影误差可达 0.05 像素。基于温度差的方法需要额外热源制造影像上的亮度差异，定标影像对比度较高，但需要配合燃烧灯等设备使用。

3.1.3 融合方法

为了提高热红外影像对比度和角点检测精度，很多学者提出了同时利用辐射率差异和温度差的几何定标方法。Hilsenstein（2005）在木质棋盘上印制了一块电路板，在定标实验前，用吹风机加热整个定标场。因此，受不同材料的辐射率差异和温度差异的影响，热红外定标影像上形成了良好的对比度，进而方便实现高精度角点检测。Ng 等（2005）设计了一个由金属网和塑料板组成的几何定标场，在定标实验前，一般需要引入热风来加热定标场，从而形成具有高对比度的热红外定标影像。Vidas 等（2012）利用不透明硬纸板作为基础定标板，通过裁剪具有规则正方形形状的孔洞形成辐射率差异。然后，将定标板置于电子屏幕（如发热的电脑）前，为几何定标提供高对比度的定标影像。Berni 等（2009）利用电阻丝制作几何定标场，当电流通过电阻丝时，电阻丝的温度上升，生成具有明亮图案的热红外定标影像。Yang 等（2011）指出，以燃烧灯为目标的定标场无法达到理论角点的检测精度，因此，设计了一种带有 25 个钻孔的黑色塑料板，将其作为几何定标场，并在定标板背面安装了 25 个小灯泡。当点亮灯泡时，光线和热量会穿过钻孔，被可见光相机和热红外相机同时捕获。实验结果显示，热红外影像上的特征点检测精度可达子像素级。Mouats 等（2015）对比了两种不同平面定标板与两种不同几何定标工具箱的优劣。实验结果显示，相比基于模板的定标场（Vidas et al，2012）和 Caltech Camera Calibration Toolbox（Bouguet，2015），抛光铝面棋盘格定标场和 Automatic Multi-Camera Calibration Toolbox（Warren et al，2013）能够取得更优的几何定标精度。

综上所述，不同于可见光相机利用黑白棋盘格进行几何定标，热红外相机通常使用不同材料的辐射率差异或温度差异获取定标场影像。在近景摄影测量环境下，可以利用上述方法生成高质量的定标影像，但是在航空航天摄影测量环境下，上述定标场由于温度差异和几何尺寸不足，难以形成具有足够对比度的热红外影像。本章将分别讨论手持近景摄影测量和倾斜航空摄影测量环境下的热红外相机几何定标方法。

§3.2　手持近景摄影测量几何定标

在手持近景摄影测量环境下，利用不同材料的辐射率差异构建热红外相机的几何定标场，并利用自检校光束法平差实现热红外相机 FLIR A65 的几何定标。

FLIR A65 相机的焦距为 13 mm，像元尺寸为 17 μm，物体温度测量范围为 $-25\sim135℃$，最大帧频为 30 Hz。由于热红外相机的影像分辨率较低（640×512），边缘特征较为模糊，像点检测精度较低，而可见光相机的影像分辨率高，对比度强，像点检测精度较高，故为了提高热红外影像几何定标的稳定性和精度，本节提出热红外相机与可见光相机的联合定标方法。为此，设计了一种适合可见光相机与热红外相机联合定标的三维几何定标场，如图 3.1 所示。为了同时获取高对比度的可见光定标影像和热红外定标影像，三维几何定标场主要将黑色丝绒箔作为背景，将带编码的可见光影像目标和不带编码的热红外影像目标作为定标源。带编码的可见光影像目标由黑白相间的正方形纸质材料构成，不带编码的热红外影像目标通过灰色的圆形银箔构建。

（a）可见光影像　　　　　　　　　　　　（b）热红外影像

图 3.1　三维几何定标场

为了确保热红外影像具有良好的对比度，通常需要将三维几何定标场置于室外条件下，黑色丝绒箔因具有较强的吸收辐射特性在热红外影像上呈现白亮，圆形银箔因具有镜面反射特性呈现黑暗，从而形成具有高对比度的热红外定标影像。同时，三维定标板的背景呈现黑色，可见光影像目标由带编码的黑白相间的正方形纸板构成，进而形成具有高对比度的可见光定标影像。编码目标和已知长度的定标条在可见光影像上具有清晰的对比度，能够通过 Aicon DPA 等软件实现亚像素级的像点检测和毫米级精度的三维地面点测量（Luhmann et al, 2019）。通过构建上述高精度的可见光影像几何模型，能够实现热红外影像目标（圆形银箔）在物方坐标系下的高精度三维测量。同时，在热红外影像上，圆形银箔的中心像点坐标通过椭圆拟合解算，理论上中心像点坐标的测量标准差可达像素的 1/40。

在已知高精度物像坐标的情况下，将像点坐标测量值、地面点三维坐标和相机内方位元素初始值（由相机供应商提供）作为自检校光束法平差的输入值，将式（3.1）（布朗模型）作为构像方程，通过自检校光束法平差实现热红外相机内方位元素（主距、主点、畸变参数）的高精度解算。物像方程主要通过布朗模型描述（Hartley et al，2003），假设物方点 $P(X,Y,Z)$ 与影像内像点 $p(u,v)$ 对应，则物像关系为

$$
\left.
\begin{aligned}
x &= \frac{r_{11}(X-X_S)+r_{21}(Y-Y_S)+r_{31}(Z-Z_S)}{r_{13}(X-X_S)+r_{23}(Y-Y_S)+r_{33}(Z-Z_S)} \\
y &= \frac{r_{12}(X-X_S)+r_{22}(Y-Y_S)+r_{32}(Z-Z_S)}{r_{13}(X-X_S)+r_{23}(Y-Y_S)+r_{33}(Z-Z_S)} \\
r &= \sqrt{x^2+y^2} \\
x' &= x(1+K_1r^2+K_2r^4+K_3r^6)+P_1(r^2+2x^2)+2P_2xy \\
y' &= y(1+K_1r^2+K_2r^4+K_3r^6)+P_2(r^2+2y^2)+2P_1xy \\
u &= x_0-cx'+B_1x'+B_2y' \\
v &= y_0-cy'
\end{aligned}
\right\}
\quad (3.1)
$$

式中，(X_S,Y_S,Z_S) 表示影像的投影中心在物方坐标系下的坐标；r_{mn} 表示影像旋转矩阵 $\boldsymbol{R}$ 中的元素，m、n 取 1、2、3，可用欧拉角 (ω,φ,κ) 表示；r 表示影像径向距离；c 表示主距；x、y 表示共线条件方程计算结果；x'、y' 表示经过径向和切向畸变校正的计算结果；(x_0,y_0) 表示主点在像方坐标系下的坐标；K_1、K_2、K_3 表示径向畸变参数，P_1、P_2 表示切向畸变参数，B_1、B_2 表示坐标轴偏向系数。

具体来说，镜头产生的畸变主要由径向畸变和切向畸变组成，能够通过多项式模型进行描述和校正。由式（3.1）可知，物方坐标系下的地面点 $P(X,Y,Z)$ 通过共线条件方程变换、畸变校正、像主点平移、主距解算和坐标轴偏度校正，即可得到目标在像平面坐标系下的像点坐标 $p(u,v)$。

在给定初值的基础上，利用自检校光束法平差的迭代优化实现热红外相机内方位元素的解算。在迭代平差的过程中，引入显著性检验，利用 3-sigma 法则删除不重要的相机参数，进而避免由参数间的相关性造成的不收敛或收敛至局部极小值的问题（Westfeld et al，2015）。表 3.1 给出了热红外相机 FLIR A65 的内方位元素平差值 $\hat{x}_i$ 及其后验标准差 $\hat{s}_{\hat{x}_i}$。实验结果显示，除了径向畸变参数 K_3 和坐标轴偏向系数 B_1 外，其他所有参数都能通过显著性检验。

考虑近景摄影测量通常采用"先验定标场解算内方位元素、实际应用解算外方位元素"的方法，在手持近景摄影测量应用中，固定内方位元素不变（尤其是焦距参数），采用优化外方位元素的方法实现三维重建。在实际应用中，具体的几何测量精度和辐射测量精度参见 §4.2。

表 3.1　FLIR A65 相机的内方位元素平差值 $\hat{x}_i$ 及其后验标准差 $\hat{s}_{\hat{x}_i}$

内方位元素	c	x_0	y_0	K_1	K_2
$\hat{x}_i$	774.65	315.75	259.57	-4.51×10^{-2}	0.36
$\hat{s}_{\hat{x}_i}$	0.20	0.27	0.25	1.36×10^{-3}	9.80×10^{-3}
内方位元素	K_3	P_1	P_2	B_1	B_2
$\hat{x}_i$	0	7.82×10^{-4}	-1.13×10^{-3}	0	6.37×10^{-2}
$\hat{s}_{\hat{x}_i}$	NaN	1.04×10^{-4}	1.28×10^{-4}	NaN	3.52×10^{-3}

注：表中 c、x_0、y_0 的数值为像素数量，标准差中的 NaN 表示该参数无法通过显著性检验。

§3.3　倾斜航空摄影测量几何定标

在倾斜航空摄影测量环境下，由于摄影距离远，而现有几何定标场尺寸不足、温度差异不够，导致近景摄影测量"先验定标场解算内方位元素、实际应用解算外方位元素"的方法不再适用。因此，利用运动结构恢复（structure from motion，SFM）软件 Agisoft PhotoScan 在生成影像点云数据的同时进行几何定标。

倾斜航空摄影测量系统 AOS-Tx8 搭载在直升机上，主要包含 4 台可见光相机（Baumer VCXG-53c）和 4 台非制冷型热红外相机（FLIR A65sc）。相机的具体参数如表 3.2 所示。

表 3.2　AOS-Tx8 的可见光相机和热红外相机参数

相机参数	Baumer VCXG-53c	FLIR A65sc
影像分辨率	2 592×2 048	640×512
帧频 /Hz	23	30
像元尺寸 /μm	4.8	17
视场角 /(°)	28.8	25
焦距 /mm	25	25
测量范围	RGB（24 bit）	−25～135 ℃
尺寸 /mm	40×29×29	106×40×43

4 台热红外相机和 4 台可见光相机以图 3.2 的结构进行组装，热红外相机之间的影像重叠度为 12%，由于可见光相机的视场角较大，其之间的影像重叠度更大。可见光相机和热红外相机以相同的帧频（5 Hz）同时获取影像。直升机在高度为 400 m 的上空获取影像数据，在此条件下，可见光相机的地面采样距离（空间分辨率）为 0.08 m，而热红外相机的地面采样距离（空间分辨率）为 0.3 m。整个 AOS-Tx8 测量系统的尺寸为 330 mm×420 mm×320 mm（高×宽×长），质量为 11.6 kg。因此，该系统也可以被整合在小型飞机或者无人机上。

本节几何定标的基本原理与 §3.2 相同，将式（3.1）作为构像方程。表 3.3

列出了热红外相机 FLIR A65sc 的内方位元素平差值及其后验标准差。

（a）热红外相机和可见光相机的组合示意

（b）整个相机系统

图 3.2　AOS-Tx8 倾斜航空摄影测量系统

表 3.3　FLIR A65sc 相机的内方位元素平差值 $\hat{x}_i$ 及其后验标准差 $\hat{s}_{\hat{x}_i}$

内方位元素	c	x_0	y_0	K_1	K_2
$\hat{x}_i$	1 500.64	335.10	254.76	4.62×10^{-4}	4.14×10^{-6}
$\hat{s}_{\hat{x}_i}$	0.44	0.13	0.31	1.01×10^{-6}	2.16×10^{-8}
内方位元素	K_3	P_1	P_2	B_1	B_2
$\hat{x}_i$	1.52×10^{-8}	1.26×10^{-4}	1.11×10^{-4}	3.85×10^{-3}	1.65×10^{-3}
$\hat{s}_{\hat{x}_i}$	3.15×10^{-10}	2.37×10^{-6}	6.93×10^{-6}	5.38×10^{-5}	2.28×10^{-5}

注：表中 c、x_0、y_0 的数值为像素数量。

　　图 3.3 对比了构像模型加入畸变参数对几何定标精度的影响。当不考虑畸变参数的影响时，相机的定位精度较低，所有像素的平均反投影误差约为 10 像素。而当考虑畸变参数对定位精度的影响时，所有像素的平均反投影误差降低至约 0.5 像素，能够有效地提高影像的定位精度，如图 3.3（b）所示。在摄影高度为 354 m 的条件下，xoy 水平面的定位精度达到 0.2 m。

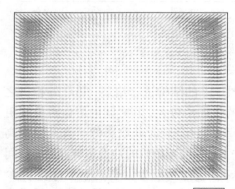

23像素

0.984像素

（a）不使用畸变参数的布朗模型　　　　　　（b）使用畸变参数的布朗模型

图 3.3　相机的平均反投影误差

§3.4　本章小结

　　针对热红外相机分辨率低、影像边缘特征模糊的问题，本章提出了可见光相机与热红外相机的联合几何定标方法。在手持近景摄影测量环境下，设计了一种三维几何定标场，并采用"先内定向，再外定向"的方法实现几何定标与应用测量。在倾斜航空摄影测量环境下，不再实施预先的定标场几何定标，而是将几何定标与实际应用融为一体，在三维重建的过程中考虑相机畸变参数对于定位精度的影响，进而同时实现高精度的影像定位和相机定标。

　　本章方法也存在一些潜在的不足，改进方向为：为了降低自检校光束法平差的解算难度，本书假设在摄影测量应用中相机的内方位元素固定不变，但是在室外无人机、车载系统测量中，受外界环境因素影响，相机内方位元素极易发生变化。此外，相机安置误差、偏心误差、曝光时间非一致性误差等因素都会影响影像的几何定位精度。因此，未来的解决方案是以已有数据（定标场解算结果或厂商提供的相机参数）为初值，在摄影测量应用中，允许影像序列内不同影像的内方位元素发生一定程度的变化，并通过受限最小二乘法实现相机内、外方位元素的联合优化。

第4章 建筑物三维温度场重建

为了应对人为气候变化,减少由化石燃料(如石油、煤炭、天然气)燃烧导致的温室气体排放日益成为全球关注的热点。为了将建筑物室内温度维持在人体舒适的范围内,建筑物成了能源消耗的主要贡献者。具体来说,与建筑物相关的能源消耗约占全球总能源消耗的 36%,二氧化碳排放量占全球总排放量的 39%。因此,削减建筑物能耗成为各国节能减排的重中之重。一方面,新建建筑物被严格设计以满足苛刻的节能减排需求。另一方面,已有建筑物需要定期进行密闭性检查,对退化损坏的部件进行改造重建(Ham et al,2013)。为了提高建筑物的有效能源利用率,减少由建筑物部件老化、损坏引起的热损失成为关键。热红外相机具备捕获及可视化建筑物内热量损失的能力,因此,利用热红外影像序列构建建筑物的三维温度场并实现建筑物热裂缝的自动识别成为研究热点。

§4.1 建筑物三维温度场重建研究现状

考虑单幅热红外影像分辨率较低、视场角有限,每幅影像只能覆盖三维建筑物场景的一部分,直接应用二维影像缺乏三维空间位置信息。因此,现有研究主要采用基于热红外影像序列到三维模型纹理映射的热裂缝识别方法(Cho et al,2015)。建立几何关系正确、温度信息准确的三维模型能够精确地对建筑物热裂缝进行定位、识别和可视化。在实际应用中,当需要对单栋建筑物进行细致测量时,可选择手持摄影测量系统(Vidas et al,2015;Yang et al,2018;Lin et al,2019)或无人机系统(陈驰 等,2015;Westfeld et al,2015);当需要对大范围建筑物群进行监测时,直升机(Iwaszczuk et al,2017)、飞机(袁修孝 等,2012;李德仁 等,2016;Lin et al,2020)或车载系统(龚健雅 等,2015;Hoegner et al,2018)是更好的选择。为了构建建筑物的三维温度场,检测建筑物的潜在热裂缝,需要将热红外影像序列映射到三维建筑物模型上,其核心技术主要包括热红外影像序列与三维模型配准、热红外影像纹理映射。

4.1.1 热红外影像序列与三维模型配准

根据三维模型类型,现有二维热红外影像序列与三维模型的配准方法可以分为三类,即基于激光点云的方法、基于影像点云的方法和基于多面体模型的方法。

1. 基于激光点云的方法

Alba 等（2011）提出了一个热红外相机与可见光相机固连的双目摄影测量系统，用于分析三维建筑物结构中存在的热裂缝情况。在获取热红外影像和可见光影像的同时，利用地面激光扫描仪获取建筑物的三维点云模型，并采用人工识别同名点的方法实现双目相机与三维激光点云的配准。

Borrmann 等（2014）提出了一种利用移动机器人 Irma3D 实现热红外三维场景建模的方法，该移动平台上分别搭载了一台激光扫描仪、一台可见光相机和一台热红外相机。为了将热红外影像、可见光影像和点云配准至同一个坐标系下，该系统在定标过程中需要采用的配置配准方法为：对于可见光相机，利用黑白棋盘格定标板辅助几何定位；对于热红外相机，利用基于燃烧灯的定标板实现几何定位。为了实现双目相机与点云的配准，该移动平台将两个定标板安装在三脚架上，进而方便特征角点在点云数据中的检测。

González-Aguilera 等（2012）提出了一种基于异源影像匹配的二维热红外影像与三维点云的配准方法。首先，将地面激光扫描仪获取的三维点云数据转换为二维距离影像。然后，利用 Harris 特征检测方法和分层匹配策略实现距离影像—热红外影像对的匹配。最后，利用鲁棒性的空间后方交会方法实现热红外影像的空间位姿确定。但是该方法仅实现了基于单幅热红外影像的建筑物立面温度场测量。

Bannehr 等（2013）开发了一种基于多源相机的航空摄影测量系统，以实现城市参数的提取。该摄影测量系统将高光谱相机、机载激光扫描仪、热红外相机和可见光相机集成安装在一架小型飞机上，用于确定建筑物屋顶的温度场分布、建筑物屋顶材料的分类，以及提取城市区域几何参数。

2017 年，徕卡公司推出了一款集成激光扫描仪、3 台可见光相机和 1 台热红外相机的地面三维测量系统 BLK360。该系统的激光扫描作用距离为 0.6～60 m，点云采集速度可达每秒 36 万点，3 台可见光相机通过自动拼接能够生成 360°（水平）×300°（垂直）的全景可见光影像，热红外相机能够提供 360°（水平）×70°（垂直）的热红外影像。该系统为实现激光扫描点云数据、可见光影像数据和热红外影像数据的自动融合提供了崭新的思路和方法（Calantropio et al，2018）。

2. 基于影像点云的方法

由于激光扫描仪的成本较高、便捷性较差，因此，很多学者转而研究将摄影测量影像点云作为三维模型基准。根据摄影测量影像点云类型，现有研究可以分为两类，即热红外影像点云和可见光影像点云。

使用可见光影像序列生成三维点云的优势是其影像分辨率高、对比度强，利用现有成熟的运动结构恢复三维重建软件（如 Agisoft PhotoScan）即可生成高质量的三维模型。但是该方法的一个潜在问题是热红外影像序列与三维可见光影像点云之间的配准关系未知。使用热红外影像序列生成三维点云的优点是，在生成点云模型的过程中已经有了配准信息，缺点是热红外影像分辨率低、边缘特征模糊，传统的特征检测与匹配算法（如 SIFT、SURF）难以检测到足够多的高质量摄影测量连接点，导致密集匹配生成的影像点云质量较差。

　　Ham 等（2013）对比了尺度不变性特征变换（scale-invariant feature transform, SIFT）算法、仿射—尺度不变性特征变换（affine-SIFT, ASIFT）算法和快速鲁棒特征（speeded up robust feature, SURF）算法对于热红外—可见光影像对匹配的精度，并得出结论，这些传统影像匹配方法难以应用于异源影像匹配。因此，Ham（2015）设计了一种特殊的热红外相机，它能够成对地同时获取热红外影像和可见光影像，并生成带有温度信息的三维模型。首先，利用运动结构恢复技术解算可见光影像序列的位姿信息；然后，利用热红外相机与可见光相机的固定相对位姿，获取热红外影像序列的外方位元素；最后，使用多视图立体交会（multiple view stereovision, MVS）算法生成密集的三维热红外影像点云。需要说明的是，该方法仅限于能够同时获取热红外影像与可见光影像的特殊相机。

　　Javadnejad（2018）利用基于无人机的可见光—热红外影像系统实现建筑物群的三维建模及热红外影像纹理映射。首先，利用可见光影像序列生成三维建筑物参考点云；然后，利用视轴变换估计获取热红外影像序列相对于三维可见光影像点云的相对位姿；最后，对于每个三维地面点，利用重叠影像的等权均值实现热红外影像纹理映射。该方法以精确的视轴变换矩阵为先验条件，在建筑物三维温度场重建的过程中并未考虑视轴变换矩阵本身的误差，当热红外—可见光相机系统不同步时，会生成模糊甚至错误的纹理映射结果。

　　Vidas 等（2013b）设计了一套手持式三维热红外成像设备 HeatWave，用于检测水泵系统和空调控制系统的热力异常值。该设备包括一台热红外相机、一台距离相机和一台可见光相机。所有相机均按照固定的相对位姿安装在一个手柄上，该手持系统的优势是能够利用多视角热红外影像消除由镜面反射和物体遮挡造成的系统误差。Vidas 等（2015）进一步提高了 HeatWave 设备的识别精度和效率，采用反向距离加权方法降低了由几何误匹配造成的纹理映射误差，并实现了近实时的三维温度场模型重建与可视化。

　　Yang 等（2018）利用基于智能手机的可见光—热红外影像系统实现了物体表面三维温度场重建。该手持摄影测量系统（包含两台 iPhone 可见光相机和一台 FLIR 热红外相机）被集成安装在一个经纬仪上。不同相机数据之间的精确配准以固定相对位姿为先验信息，通过归一化互相关（normalized cross-correlation, NCC）方法实现。最后，利用 VisualSFM 和 OpenMVS 实现物体的三维温度场重建。

　　针对无人机热红外观测系统，Maes 等（2017）对比了相机预定标、基于环境温度变化的热红外影像校正、基于可见光影像配准的热红外影像初始位姿估计三种校正方法对三维建模精度的影响。实验表明,基于可见光影像配准的热红外影像初始位姿估计能够有效地提高无人机系统的三维建模精度,基于环境温度变化的热红外影像校正具有一定的提高精度的作用,而相机预定标的影响效果非常有限。

3. 基于多面体模型的方法

除了将点云作为三维基准模型,慕尼黑工业大学摄影测量工作组积极探索了将多面体模型作为三维基准的方法。为了将车载热红外影像序列配准到三维多面体模型上,Hoegner 等(2009)首先利用 Nistér 五点算法实现相对定向,然后利用影像三元组完成建筑物立面的热红外影像纹理映射。

Hoegner 等(2015)首先利用基于互相关(cross-correlation, CC)的 SIFT 特征追踪方法实现热红外影像序列的位姿参数解算;然后以三维多面体建筑物模型为基准,利用自检校光束法平差进一步优化热红外影像序列的外方位元素;最后利用相同视角但不同时间获取的热红外影像纹理实现建筑物立面的动态监测。

Hoegner 等(2018)对比了两种不同配准方法的精度,三维—二维(3D—2D)配准(热红外影像序列与三维模型配准)和三维—三维(3D—3D)配准(热红外影像点云与可见光影像点云配准)。实验结果表明,通过三维—二维配准方法解算的外方位元素标准差大于通过三维—三维配准方法获得的结果。进一步来说,热红外影像纹理映射结果的质量与影像视角解算误差密切相关。

为了提高倾斜航空摄影测量系统的纹理映射精度及质量,Iwaszczuk 等(2016)将影像分辨率、物体遮挡、匹配精度等因素列入纹理映射质量评价指标。考虑基于辅助定位数据的直接定向无法提供高精度的几何配准信息,Iwaszczuk 等(2017)将建筑物屋顶线作为线特征,提出了一种基于线特征匹配的强鲁棒性三维—二维配准方法。在配准过程中,将全球导航卫星系统与惯性测量单元(global navigation satellite system/inertial measurement unit, GNSS/IMU)数据作为先验信息,充分考虑了三维建筑物多面体模型的误差以及二维影像线特征的提取误差,大幅提高了热红外影像序列与三维模型的配准精度。

综上所述,点云作为三维模型的主要优势是其具有高精度的三维几何细节信息,而多面体模型的优点是可以将热红外影像数据嵌入地理空间数据库中,从而方便进行城市级大尺度的空间分析。

4.1.2　热红外影像纹理映射

纹理映射质量主要由二维影像序列与三维模型之间的配准精度决定(Zhou et al, 2014; Iwaszczuk et al, 2017)。现有纹理映射方法一般假设二维影像序列与三维模型之间的配准关系是已知的(Lempitsky et al, 2007; Allène et al, 2008; Waechter et al, 2014; Lin et al, 2018b),但是在实际应用中,精确的配准关系很难直接获得。相邻影像之间的几何误匹配难以彻底消除，导致对于同一地物，重叠影像之间往往既有冗余又有差异。因此，为了缓解由重叠影像之间的几何误匹配和辐射亮度差异造成的纹理拼接缝问题，研究合适的热红外影像序列纹理映射方法至关重要。

Gal 等（2010）提出了利用局部影像平移的方法实现几何误匹配校正。Zhou 等（2014）提出了一种交替优化影像位姿和非刚性函数的全局优化方法。Bi 等（2017）利用一种基于面片的纹理优化方法合成了高精度的配准影像。但是这些方法主要用于计算机视觉领域，完成基于 RGB-D 影像数据的小尺度模型（如玩具）的纹理映射，难以直接迁移至测绘领域大场景建筑物群的纹理映射。此外，考虑拼接缝在纹理映射结果中频繁出现，现有研究也致力于消除可见光纹理映射结果中的拼接缝现象。Frueh 等（2004）首先利用德洛奈（Delaunay）三角网实现了基于倾斜航空影像的城市级三维建模，然后利用邻接三角形的投票策略实现拼接缝的平滑。Allène 等（2008）利用多波段融合方法创建了不含拼接缝的纹理图。Waechter 等（2014）结合全局优化方法（Lempitsky et al，2007）和基于泊松编辑的局部优化方法实现了高精度的拼接缝平滑。

综上所述，上述方法主要为可见光影像设计。在可见光影像纹理映射中，拼接缝主要由相邻影像之间不同的光照条件引起。在热红外影像纹理映射中，对于同一种建筑材料，拼接缝往往对应潜在的建筑物热裂缝。因此，研究适合热红外影像特性的纹理映射对于建筑物三维温度场重建和热裂缝检测至关重要。

§4.2　基于手持摄影测量的建筑物立面温度场重建

4.2.1　数据获取

为了构建精细的建筑物立面三维温度场，本节使用手持热红外相机 FLIR A65 和可见光相机 Canon 1200D 分别获取可见光影像序列和热红外影像序列。其中，可见光影像序列用于构建精细的建筑物立面三维模型，而热红外影像序列为立面提供准确的温度场。需要说明的是，热红外相机与可见光相机之间不存在固连，且均不配备辅助定位设备。

4.2.2　热红外影像序列与可见光影像点云配准

现有二维影像序列到三维模型的配准方法大多依赖辅助定位数据（如 GNSS/IMU 数据），或将固定的相对位姿作为初值，但是手持摄影测量系统通常缺乏先验辅助定位数据，因此，本节提出了一种不需要先验信息的热红外影像序列与可见光影像点云配准方案，如图 4.1 所示。

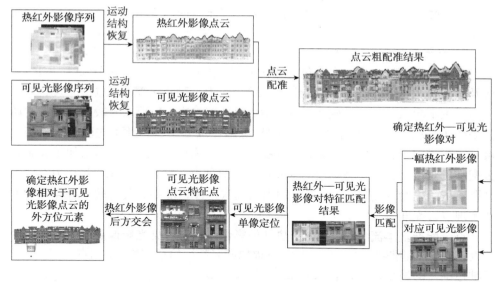

图 4.1　热红外影像序列与可见光影像点云的配准方案

　　首先，利用运动结构恢复技术分别生成热红外影像点云和可见光影像点云。其次，利用快速全局配准（fast global registration，FGR）算法获取异源点云之间的粗配准信息。对于每一幅热红外影像，与其位姿距离最近的可见光影像可通过计算外方位元素的最小欧几里得距离获得。再次，利用辐射不变性特征变换（radiation-invariant feature transform，RIFT）算法、归一化重心坐标系（normalized barycentric coordinate system，NBCS）算法和随机抽样一致性（random sample consensus，RANSAC）算法稳健地提取热红外—可见光影像对的匹配特征集。最后，利用可见光影像上的特征点计算其三维地面点坐标，根据三维地面点坐标和热红外影像特征点坐标，通过后方交会计算热红外影像相对于可见光影像点云的外方位元素。

1. 点云生成

　　利用经典的运动结构恢复工具（如 Agisoft PhotoScan），能够分别从热红外影像序列和可见光影像序列中重建热红外影像点云和可见光影像点云。由于可见光影像分辨率和对比度较高，利用运动结构恢复工具能够方便地实现可见光影像点云的重建。而热红外影像分辨率低、对比度差、边缘特征模糊，在应用运动结构恢复工具生成热红外影像点云前，需要大幅提高热红外影像的对比度。借鉴已有的处理方法（Ribeiro-Gomes et al，2017；Conte et al，2018），本节采用 Wallis 滤波方法提高热红外影像对比度。需要说明的是，Wallis 滤波后的影像主要用于增加点云生成过程中连接点的数量，不参与热红外影像纹理映射和三维温度场重建。为了进一步增加连接点的数量并提高质量，热红外影像序列的重叠度应该高于可见光影像序列的重叠度。具体来说，可见光影像序列的水平方向重叠度为 60%，垂直方向重叠度为 40%；而热红外影像序列的水平方向重叠度为 80%，垂直方向重叠度为 60%。

2. 点云配准

常用的点云配准方法主要包括迭代最邻近点（iterative closest point，ICP）算法及其改进方法（Pomerleau et al，2013）。作为一种点云精配准方法，ICP 算法能够提供不同点云之间精确的配准信息，但是该方法一般要求有较为准确的初始位姿作为先验信息。然而本节生成的异源影像点云不具备此类先验信息。相比可见光影像点云，热红外影像点云的噪声更大且密度更低，进一步增加了异源点云配准的难度。针对上述问题，本节对比了两种点云粗配准方法，并从中选取一种既不依赖先验位姿信息，又对异源点云的噪声及密度差异具有较强鲁棒性的方法实现点云配准。

点云配准基本流程为：①由于热红外影像点云与可见光影像点云具有不同的尺度，而点云配准需要在相同的尺度下提取同名特征信息，因此根据点云 X、Y、Z 三轴包围盒的最小比例，即 $\min(\Delta X_\mathrm{T}/\Delta X_\mathrm{RGB}, \Delta Y_\mathrm{T}/\Delta Y_\mathrm{RGB}, \Delta Z_\mathrm{T}/\Delta Z_\mathrm{RGB})$，调整可见光影像点云的大小（Truong et al，2017）；②利用快速点特征直方图（fast point feature histogram，FPFH）（Rusu et al，2009）提取初始匹配特征集；③利用最邻近相似性测试和兼容性子集测试剔除错误的匹配子集，实现高精度的匹配特征提取；④分别利用 FGR 算法（Zhou et al，2016）和 RANSAC 算法估计异源点云的粗配准结果。

异源点云的粗配准结果如图 4.2 所示。通过对比，可以看出 FGR 算法能够取得比 RANSAC 算法更优的配准结果。异源点云具有完全不同的点云密度和噪声情况，导致提取的匹配特征集中存在大量误匹配结果。在匹配特征集内点数量较少的条件下，RANSAC 算法容易收敛至局部极小值。而 FGR 算法在迭代优化的过程中，将鲁棒性较强的归一化 Geman-McClure 估计量作为惩罚函数，能够不断移除误匹配子集，最终收敛至全局最优。因此，相比 RANSAC 算法，FGR 算法对于噪声的鲁棒性更强。需要说明的是，利用 FGR 算法实现点云粗配准后，尝试利用 ICP 精配准方法进一步提高点云的配准精度。但是 ICP 算法对于点云的尺度、密度和噪声率较为敏感，无法进一步提升 FGR 算法的配准结果。图 4.2 中，建筑物立面 1 的长和高分别约为 100 m 和 26 m，建筑物立面 2 的长和高分别约为 51 m 和 22 m，建筑物立面 3 的长和高约为 58 m 和 24 m。

3. 热红外—可见光影像对匹配

经过点云粗配准后，热红外影像点云只是粗略地配准到可见光影像点云上，难以满足纹理映射对于配准精度的需求，因此，本节进一步提出了一种基于热红外—可见光影像对匹配的方法实现精配准。

（a）立面 1 的异源点云初始位姿

（b）立面 2 的异源点云初始位姿

（c）立面 3 的异源点云初始位姿

（d）立面 1 的 FGR 算法配准结果

（e）立面 2 的 FGR 算法配准结果

（f）立面 3 的 FGR 算法配准结果

（g）立面 1 的 RANSAC 算法配准结果

（h）立面 2 的 RANSAC 算法配准结果

（i）立面 3 的 RANSAC 算法配准结果

图 4.2　异源点云粗配准结果

现有研究表明，传统基于影像灰度或梯度的方法（如 SIFT、SURF）主要利用影像空间域的梯度信息进行特征点的描述和探测，只能处理影像中较小的线性灰度变化，无法解决热红外—可见光异源影像的匹配问题（Ham et al, 2013; Weinmann et al, 2014），这是因为热红外—可见光影像对中往往存在巨大的非线性辐射差异。辐射不变性特征变换（RIFT）算法是一种新型影像特征探测与描述方法，利用频率域相位图实现了顾及异源影像非线性辐射差异的鲁棒性描述，因此，本节利用 RIFT 算法实现热红外—可见光影像对的特征点检测及描述（Li et al, 2019）。

基于影像匹配的精配准流程如下。

1）确定热红外—可见光影像对

对于每一幅热红外影像，根据 FGR 算法的粗配准结果，通过计算外方位元素的最小欧几里得距离可以获取与其位姿距离最近的可见光影像。距离公式为

$$d = (X_{RGB} - X_T)^2 + (Y_{RGB} - Y_T)^2 + (Z_{RGB} - Z_T)^2 + \left(\frac{\omega_{RGB} - \omega_T}{p_{\omega\varphi\kappa}} \right)^2 +$$
$$\left(\frac{\varphi_{RGB} - \varphi_T}{p_{\omega\varphi\kappa}} \right)^2 + \left(\frac{\kappa_{RGB} - \kappa_T}{p_{\omega\varphi\kappa}} \right)^2 \tag{4.1}$$

式中，$(X_{RGB}, Y_{RGB}, Z_{RGB})$ 表示经过 FGR 变换的可见光影像投影中心的坐标，(X_T, Y_T, Z_T) 表示热红外影像投影中心的坐标，$(\omega_{RGB}, \varphi_{RGB}, \kappa_{RGB})$ 表示经过 FGR 变换的可见光影像姿态旋转角，$(\omega_T, \varphi_T, \kappa_T)$ 表示热红外影像的姿态旋转角，d 表示可见光影像与热红外影像的位姿欧几里得距离，$p_{\omega\varphi\kappa}$ 表示姿态旋转角的权重（统一设置为 0.25 rad/m）。

2）提取初始匹配特征集

对于每一组热红外—可见光影像对，为了在异源影像上提取具有相同尺度的特征，本节首先利用双三次插值方法将可见光影像下采样至热红外影像分辨率，然后采用 RIFT 算法分别提取热红外影像和可见光影像上的角点特征和边缘特征，将其作为候选特征集，并利用与 SIFT 算法类似的分布式直方图实现特征集的描述和初始匹配特征集的提取。

3）优化匹配特征集

由于初始匹配特征集含有大量噪声，经典 RANSAC 算法无法鲁棒地提取高精度的匹配子集。因此，本节首先利用 NBCS 算法消除误匹配结果，大幅提高匹配特征集中的内点比例。基于面积比例不变性，NBCS 算法建立了一个具有仿射不变性的坐标系统（Li et al, 2017）。在此坐标系统下，经过仿射变换，正确的匹配特征集具有相同的坐标，而错误的匹配特征集的坐标不同。最后，利用基于单应矩阵的 RANSAC 算法（Vincent et al, 2001）确定异源影像匹配的精确几何模型。

　　以三个建筑物立面为研究对象，将热红外影像序列后方交会的成功率作为判断依据，对比了本节方法（RIFT＋NBCS＋RANSAC）与传统方法（RIFT＋RANSAC）的优劣，结果如表 4.1 所示，表中数值代表成功定向的热红外影像数量/热红外影像总数量。

表 4.1　**本节方法与传统方法的后方交会成功率**

研究对象	RIFT＋NBCS＋RANSAC 成功率	RIFT＋RANSAC 成功率
立面 1	175/206	134/206
立面 2	122/133	101/133
立面 3	108/152	92/152

　　三个建筑物立面的热红外—可见光影像对特征匹配结果如图 4.3 所示。大多数热红外—可见光影像对能够取得正确的匹配结果，错误的影像匹配结果主要分为两类。一类是无法通过影像空间后方交会测试的热红外影像，这些影像不会影响最终的热红外影像纹理映射结果，这是因为这些影像不参与后续的纹理映射实验。另一类主要由相似的"窗户—墙面"等重复结构模式引起，如图 4.3（b）、图 4.3（d）、图 4.3（f）所示。由重复结构模式导致的影像误匹配能够通过影像空间后方交会测试，因此，极易引起纹理映射结果中的错误。尽管本节提出的影像精匹配方法无法彻底解决由重复结构模式导致的影像误匹配问题，但是该方法能够大幅降低影像错误匹配的比例，提高热红外影像纹理映射的整体质量。在配准后，本节提出了一种基于全局影像位姿优化的纹理映射方法，进一步提高二维影像序列至三维点云的配准精度。此外，高重叠度的热红外影像序列也确保了纹理映射结果能够覆盖整个建筑物立面。

（a）立面 1 的正确匹配结果

（b）立面 1 的错误匹配结果

图 4.3　热红外—可见光影像对特征匹配结果

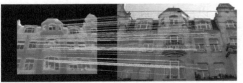

（c）立面 2 的正确匹配结果

（d）立面 2 的错误匹配结果

（e）立面 3 的正确匹配结果

（f）立面 3 的错误匹配结果

图 4.3（续）　热红外—可见光影像对特征匹配结果

4. 热红外影像位姿计算

　　为了进一步计算热红外影像序列相对于可见光影像点云的精确位姿信息，首先对每组热红外—可见光影像对以可见光影像上的特征点坐标和可见光影像点云为输入，利用单像定位获取可见光影像点云上对应特征的地面点坐标；然后对每幅热红外影像以影像特征点坐标和三维地面点坐标为输入，通过空间后方交会解算热红外影像的外方位元素。

　　对于单像定位，为了提高算法效率，避免摄影光线遍历整个建筑物立面点云寻找三维特征点，采用方法为：首先，根据每幅可见光影像投影中心的位置，利用空间划分方法获取该影像对应的概略地面点云；然后，对于每条影像光线，选择与其垂直距离最小的地面点作为单像定位结果。这里通过设置建筑物三维地面点到光线的垂直距离阈值删除建筑物点云外的影像匹配特征点。如图 4.4 所示，只有垂直距离小于阈值（如 0.1 m）的建筑物立面点才能参与后续的影像后方交会，图 4.4（b）中的白点即为可见光影像上的单像定位结果，可以看出非建筑物立面点被成功剔除。

（a）热红外—可见光影像对的匹配特征集　　　　（b）可见光影像的单像定位结果

图 4.4　基于空间后方交会的非建筑物立面点剔除

对于热红外影像空间后方交会，将运动结构恢复工具获取的外方位元素作为初值，将经过 FGR 变换的可见光影像地面点作为三维控制点，进而确保热红外影像空间后方交会能够收敛至最优结果。将平均反投影误差和最大反投影误差作为后方交会的精度评价指标。对于每幅热红外影像，当平均反投影误差大于 2 像素或最大反投影误差大于 5 像素时，认为该影像的空间后方交会失败，不允许该影像参与后续的纹理映射。

图 4.5（a）与图 4.5（b）对比了基于 FGR 算法的点云粗配准和基于 FGR 算法与影像空间后方交会的影像精匹配的单幅热红外影像纹理映射结果。实验结果显示，后者大幅提高了二维影像序列至三维点云的配准精度。实际上，FGR 算法获得的粗配准信息不仅无法直接为纹理映射提供精确的配准信息，还无法为全局影像位姿优化提供足够精确的初始位姿信息。

（a）点云粗配准结果　　　　　　　（b）影像精匹配结果

图 4.5　基于单幅热红外影像的纹理映射结果

4.2.3　热红外影像纹理映射

在实现了二维影像序列与三维点云的配准后，重叠影像之间仍然存在较小的几何误匹配、一定程度的辐射亮度差异和大量的信息冗余，因此，需要深入研究顾及重叠影像之间的几何误匹配和辐射亮度差异的热红外影像纹理映射方法。本节将重点对比三种不同的热红外影像纹理映射方法。

1. 最小反投影误差法

针对同一个地面点，一种潜在的纹理映射方法是选择具有最高几何配准精度的影像，将其作为纹理源，即选择在空间后方交会过程中具有最小反投影误差的影像。

2. 高斯加权均值法

假设大多数热红外影像在纹理映射前具有较高的配准精度，则可以利用重叠影像的高斯加权均值法实现三维温度场的测量与重建。对于同一个地面点，所有能够通过空间后方交会测试的影像都允许参加后续的纹理映射，因此，需要对重叠影像提供的温度值进行加权平均。具体而言，高斯均值的权重可以根据空间后方交会的反投影误差值计算获得，公式为

$$\left.\begin{aligned} w_j &= \exp\left(-\frac{e_j^2}{2\sigma_e^2}\right) \\ \bar{T}_i &= \frac{\sum_{j=1}^{n_i} w_j \cdot T_{i,j}}{\sum_{j=1}^{n_i} w_j} \end{aligned}\right\} \tag{4.2}$$

式中，w_j 表示候选影像 j 的权重；$\bar{T}_i$ 表示地面点 i 的内插温度值；$T_{i,j}$ 表示地面点 i 在影像 j 的温度值；n_i 表示地面点 i 对应的候选影像数量；e_j 表示候选影像 j 的反投影误差；σ_e 表示反投影误差的标准差，设置为1。

3. 全局影像位姿优化法

上述两种方法均假设在纹理映射前，二维影像序列至三维点云的精确配准信息是已知的，但是对于同一地物，重叠影像之间的微小几何配准误差和辐射温度差异难以消除。因此，本节提出了一种在纹理映射过程中继续优化候选影像外方位元素的方法。核心思想是在假设物体表面温度不变的条件下（由每个建筑物立面的观测时间小于5分钟保证），通过最小化重叠影像的温度差异实现全局影像的位姿优化。

具体来说，对于地面点 p，候选重叠影像集合为 I_p，(R_i, t_i) 表示影像 I_i 的外方位元素，$T_i(p, R_i, t_i)$ 表示地面点 p 在影像 $I_i(I_i \in I_p)$ 上的温度值，目标函数是最小化地面点 p 对应候选影像集合 $\{T_i(p, R_i, t_i) | I_i \in I_p\}$ 提供的温度差异。此处以重叠影像的平均温度值 $\bar{T}(p)$ 为标准，计算公式为

$$\bar{T}(p) = \frac{1}{n_p} \sum_{i=1}^{n_p} T_i(p, R_i, t_i) \tag{4.3}$$

式中，n_p 代表地面点 p 对应的候选影像数量。

所有参与优化的影像数量为 n_I，在本例中，由于每幅影像仅仅覆盖了整个建

筑物立面的一部分，因此 $n_p \ll n_I$。对于影像 I_i，目标函数 $E(R_i, t_i)$ 代表其包含的所有地面点的温度差异，即

$$E(R_i, t_i) = \sum_{j=1}^{N_i} [T_i(p_j, R_i, t_i) - \bar{T}(p_j)]^2 = \sum_{j=1}^{N_i} r_{i,j}^2 \qquad (4.4)$$

式中，N_i 代表影像 I_i 包含的地面点数量，$r_{i,j}$ 表示将地面点 p_j 投影到影像 I_i 的温度残差。

式（4.4）给出了单幅影像 I_i 的目标函数，令 $(R, t) = \{(R_i, t_i)\}$ 代表所有参与纹理映射影像的外方位元素集合。因此，全局目标函数 $E(R, t)$ 的计算公式为

$$E(R, t) = \sum_{i=1}^{n_I} E(R_i, t_i) = \sum_{i=1}^{n_I} \sum_{j=1}^{N_i} [T_i(p_j, R_i, t_i) - \bar{T}(p_j)]^2 \qquad (4.5)$$

为了最小化式（4.5）的目标函数，并进一步优化所有候选影像的外方位元素，$T(p, R, t)$ 的计算方法需要进一步地细化。$T(p, R, t)$ 可表达为共线条件方程和温度影像插值函数的组合形式，即 $T(g(p, R, t))$。具体而言，$T(g_x, g_y)$ 表示利用双线性内插计算温度影像上坐标 (g_x, g_y) 处的温度值，$g(p, R, t)$ 表示考虑镜头畸变的共线条件方程，即

$$g(p, R, t) = \begin{cases} x_0 - f\dfrac{r_{11}(X - X_S) + r_{21}(Y - Y_S) + r_{31}(Z - Z_S)}{r_{13}(X - X_S) + r_{23}(Y - Y_S) + r_{33}(Z - Z_S)} + \Delta x \\ y_0 - f\dfrac{r_{12}(X - X_S) + r_{22}(Y - Y_S) + r_{32}(Z - Z_S)}{r_{13}(X - X_S) + r_{23}(Y - Y_S) + r_{33}(Z - Z_S)} + \Delta y \end{cases} \qquad (4.6)$$

式中，(X_S, Y_S, Z_S) 表示影像的投影中心在物方坐标系下的坐标；r_{mn} 表示旋转矩阵 R 的元素，m、n 取 1、2、3，旋转矩阵 R 可以表示为三个旋转角矩阵相乘的形式 $R_\omega R_\varphi R_\kappa$；$(X, Y, Z)$ 表示地面点 p 在物方坐标系下的坐标；f 表示相机主距；(x_0, y_0) 表示相机主点在像方坐标系下的坐标；$(\Delta x, \Delta y)$ 表示相机的畸变。

在纹理映射迭代优化的过程中，通过几何定标获取的相机内方位元素（主距、主点、畸变参数等）保持不变，因此只优化影像序列外方位元素。

由于式（4.5）被表示为最小二乘的形式，因此，可以利用高斯-牛顿方法或利文贝格-马夸特（Levenberg-Marquardt）方法进行迭代优化。令 x 为目标优化向量，待优化参数包括所有影像的外方位元素 (R, t)。需要说明的是，外方位元素初始值 (R^0, t^0) 通过空间后方交会获得。在第 k 次迭代的过程中，利用式（4.4）计算残差向量 $r(x^k)$ 的值，并通过线性方程解算更新向量 Δx，即

$$J(x^k)^{\mathrm{T}} J(x^k) \Delta x = -J(x^k)^{\mathrm{T}} r(x^k) \qquad (4.7)$$

式中，$J(x^k)$ 和 $r(x^k)$ 分别代表在 x^k 处计算的雅克比向量和残差向量。

具体来说，用 6 维向量 $\zeta = [\omega\ \varphi\ \kappa\ X_S\ Y_S\ Z_S]$ 表示影像的外方位元素。为了计算外方位元素 (R, t) 的偏导数，采用链式法则，即

$$\nabla \boldsymbol{r}(\boldsymbol{\zeta}) = \nabla T(g) \boldsymbol{J}_g(\boldsymbol{\zeta}) \tag{4.8}$$

式中，$\nabla T(g)$ 代表温度影像的梯度，可通过在温度影像上应用索贝尔（Sobel）算子实现；$\boldsymbol{J}_g(\boldsymbol{\zeta})$ 代表共线条件方程的雅克比向量，即外方位元素的偏导数，可通过式（4.6）解算，该项同时应用于空间后方交会的解算。

完成第 k 次迭代后，进行外方位元素的更新，即

$$\boldsymbol{x}^{k+1} = \boldsymbol{x}^k + \Delta \boldsymbol{x} \tag{4.9}$$

需要注意的是，在每次迭代前，将地面点的平均温度值当作标准，用于计算重叠影像的温度差异。在纹理映射优化的过程中，所有影像的外方位元素都根据式（4.5）进行优化。迭代持续进行，直至所有影像的平均温度残差小于阈值（0.1℃）或迭代次数超过阈值（100 次）。最后，基于优化的影像序列位姿，计算重叠影像的等权温度平均值，将其作为热红外影像纹理映射的结果。

需要说明的是，所有三维地面点都参与纹理映射的平差优化，并利用空间子划分方法（Lin et al, 2018b）和基于 OpenMP 的并行处理方法提高算法效率。算法的基本计算效率为：建筑物立面 1 含有 186 万个地面点，175 幅热红外影像参与纹理映射，每幅影像大致包含 4.8 万个地面点，100 次迭代优化的时间约为 13 分钟。

4.2.4　实验结果对比与分析

为了实现热红外影像纹理映射的温度定量评价，本节将温度枪 RAYNGER MX4（图 4.6）获取的测量值作为参考值，该温度枪的测量精度为 ±1℃（Raytek，1998）。

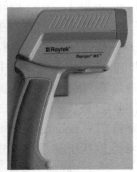

图 4.6　利用温度枪获取参考温度信息

本节所用的温度枪数据库含有几种典型地物类别（混凝土、玻璃等）的辐射率信息，如混凝土的辐射率为 0.95。这些辐射率信息可应用于物体动力学温度的精确反演，计算公式为

$$T_{\text{kin}} = \varepsilon^{-1/4} T_{\text{rad}} \tag{4.10}$$

式中，T_{rad} 表示物体的辐射温度，T_{kin} 表示物体的动力学温度，ε 表示物体的辐射率。

本节重点验证混凝土、玻璃、塑料三种材料的动力学温度反演精度，其辐射率分别为 0.95、0.85、0.95。根据式（4.10）可知，由于这三种材料的辐射率均较大，如对于玻璃，$\varepsilon^{-1/4}=0.85^{-1/4}=1.04$，故辐射率对动力学温度反演结果的影响较小。但是当更多种类的建筑材料（如抛光金属）应用于物体表面温度反演时，研究不同材料的自动分类与基于辐射率校正的温度反演至关重要（Vollmer et al，2017）。

最小反投影误差法的热红外影像纹理映射结果如图 4.7 所示。该方法主要存在两个问题：一个是几何误匹配大量出现（图 4.7 中的白色方框区域），该问题主要由图 4.3 中的建筑物重复结构模式引起，这些误匹配影像能够在后方交会过程中取得较小的反投影误差，从而造成错误的纹理映射结果；另一个是纹理拼接缝频繁出现和辐射非一致性严重，这主要是因为不同角度获取的热红外重叠影像通常提供不同的温度值（图 4.7 中的黑色方框区域），相比建筑物立面 1 和立面 2，建筑物立面 3 的重复结构模式更严重，因此立面 3 纹理映射结果的几何精度最低。综上所述，最小反投影误差法仅将单一影像作为纹理源无法提供高几何精度的纹理映射结果。

（a）立面 1

（b）立面 2

图 4.7　最小反投影误差法的热红外影像纹理映射结果

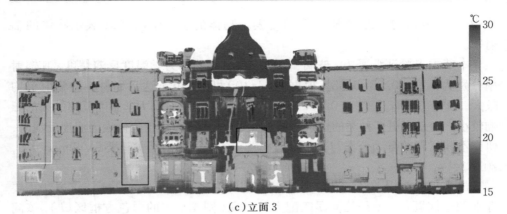

（c）立面 3

图 4.7（续）　最小反投影误差法的热红外影像纹理映射结果

　　高斯加权均值法的热红外影像纹理映射结果如图 4.8 所示。相比最小反投影误差法，高斯加权均值法能够取得更优的辐射一致性和几何一致性。但是一个潜在的问题是模糊效应，尤其体现在窗户区域，这个问题主要由重叠影像之间的微小几何误匹配和辐射亮度差异导致。

　　全局影像位姿优化法的热红外影像纹理映射结果如图 4.9 所示。高斯加权均值法与全局影像位姿优化法的纹理映射局部放大对比如图 4.10 所示。

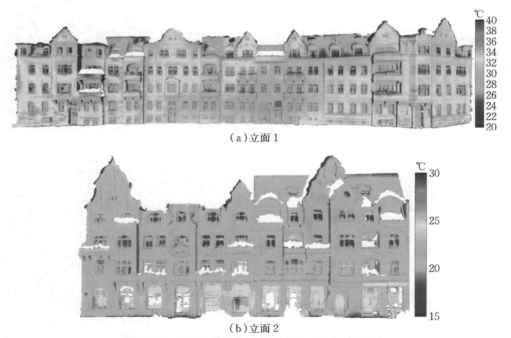

（a）立面 1

（b）立面 2

图 4.8　高斯加权均值法的热红外影像纹理映射结果

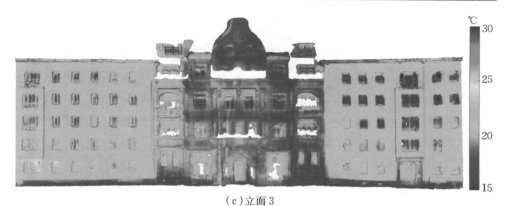

（c）立面 3

图 4.8（续）　高斯加权均值法的热红外影像纹理映射结果

　　通过图 4.10 的对比可知，全局影像位姿优化法能够有效缓解由重叠影像微小几何误匹配和辐射亮度差异导致的模糊效应。此外，从地面角度拍摄建筑物立面阳台等凸出物体时，会出现部分墙面被遮挡，导致三维参考点云中孔洞的产生。

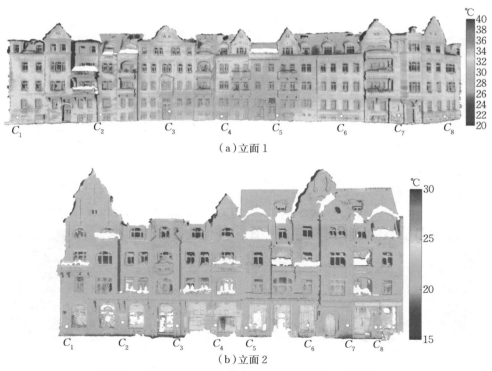

（a）立面 1

（b）立面 2

图 4.9　全局影像位姿优化法的热红外影像纹理映射结果

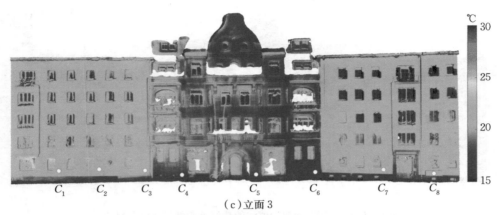

（c）立面3

图4.9（续）　全局影像位姿优化法的热红外影像纹理映射结果

（a）高斯加权均值法的立面1纹理映射结果

（b）全局影像位姿优化法的立面1纹理映射结果

（c）高斯加权均值法的立面2纹理映射结果

（d）全局影像位姿优化法的立面2纹理映射结果

（e）高斯加权均值法的立面3纹理映射结果

（f）全局影像位姿优化法的立面3纹理映射结果

图4.10　不同方法纹理映射结果局部放大对比

如图 4.9 所示,对于建筑物立面 1、立面 2 和立面 3,以温度枪测量的地面控制点 $C_1 \sim C_8$ 观测值为参考值,将均方根误差($RMSE$)作为精度评价指标,定量评价不同热红外影像纹理映射方法的温度反演精度,如表 4.2 至表 4.5 所示。均方根误差为

$$RMSE = \sqrt{\frac{1}{n}\sum_{i=1}^{n}\left[\hat{T}(i) - T(i)\right]^2} \qquad (4.11)$$

式中,n 表示控制点 C 的数量,$\hat{T}(i)$ 表示控制点 C_i 的温度参考值,$T(i)$ 表示控制点 C_i 在三维温度场的温度计算结果。

表 4.2　立面 1 的定量温度评价　　　单位:℃

类型	C_1	C_2	C_3	C_4	C_5	C_6	C_7	C_8
参考值	36.2	35.1	27.4	28.6	30.0	34.4	29.5	33.4
最小反投影误差法	34.1	32.6	25.9	26.8	30.6	35.3	28.3	34.4
高斯加权均值法	33.8	33.2	26.5	27.4	29.3	34.9	28.7	34.8
全局影像位姿优化法	34.2	33.9	26.6	27.8	29.5	34.5	28.6	34.5

表 4.3　立面 2 的定量温度评价　　　单位:℃

类型	C_1	C_2	C_3	C_4	C_5	C_6	C_7	C_8
参考值	18.9	22.5	21.4	20.1	20.2	25.9	18.1	18.2
最小反投影误差法	18.2	24.1	24.2	22.9	20.7	23.2	19.3	19.9
高斯加权均值法	19.8	23.8	23.3	22.8	21.0	23.8	19.5	20.0
全局影像位姿优化法	19.9	23.4	23.1	22.2	20.8	24.1	19.5	20.1

表 4.4　立面 3 的定量温度评价　　　单位:℃

类型	C_1	C_2	C_3	C_4	C_5	C_6	C_7	C_8
参考值	21.4	21.3	21.0	18.9	17.5	17.2	21.0	22.4
最小反投影误差法	20.1	19.8	23.1	19.7	19.3	16.0	20.1	20.8
高斯加权均值法	20.4	19.5	22.0	19.4	19.4	16.2	20.3	20.7
全局影像位姿优化法	20.3	20.4	21.7	17.9	17.2	16.1	20.2	21.2

表 4.5　立面 1、立面 2、立面 3 的均方根误差　　　单位:℃

类型	立面 1	立面 2	立面 3
最小反投影误差法	1.6	2.0	1.5
高斯加权均值法	1.4	1.7	1.3
全局影像位姿优化法	1.1	1.5	0.9

如表 4.5 所示,在 3 个不同的建筑物立面数据上,全局影像位姿优化法都能够取得最低的均方根误差(立面 1 为 1.1℃、立面 2 为 1.5℃、立面 3 为 0.9℃),因此,全局影像位姿优化法的测量值与温度枪的参考值结果最为一致。综合目视定性评价和温度定量评价结果,可以确定全局影像位姿优化法优于最小反投影误

差法和高斯加权均值法。

尽管大多数控制点位于混凝土区域，辐射率接近于 1（本节将混凝土辐射率设置为 0.95），但本节也验证了其他几种材料的温度反演精度。例如，立面 2 的玻璃区域控制点 C_4，玻璃的辐射率设置为 0.85；立面 1 的塑料区域控制点 C_5，塑料的辐射率设置为 0.95。可以观察到的另一个现象是位于较高楼层的窗户温度通常低于位于较低楼层的窗户温度。这是因为玻璃类似于金属，属于具有较低辐射率的材料，其辐射温度很大程度上取决于其镜面反射物体的温度，而非自身的动力学温度。在地面观测视角下，位于较高楼层的窗户通常反射寒冷的天空（无辐射源），而位于较低楼层的窗户通常反射周围的树木或行人等。

此外，如图 4.9（a）所示，建筑物立面 1 中间部分的温度低于左半部分和右半部分的温度，这是因为立面 1 呈现圆弧形状，建筑物左半部分和右半部分的太阳光照更多，具有更高的辐射温度。如图 4.9（c）所示，建筑物立面 3 中间部分的温度同样低于左半部分和右半部分的温度，该温度差主要是由不同的建筑材料而非热裂缝引起的。综上所述，除了处于开启状态的门窗，3 个建筑物立面均不存在明显的热裂缝。

§4.3　基于倾斜航空摄影测量的建筑物真三维温度场重建

4.3.1　数据获取

考虑现有大多数二维影像序列与三维模型的融合方法主要应用于小范围建筑物区域的密闭性分析（如单栋建筑物的热裂缝检测），基于大尺度场景的热红外制图仍然欠缺。因此，本节重点研究基于倾斜航空热红外摄影测量系统的大范围真三维温度场重建。将倾斜航空摄影测量系统 AOS-Tx8 搭载在直升机上，该系统包含 4 台可见光相机（Baumer VCXG-53c）和 4 台非制冷型热红外相机（FLIR A65sc），相机的具体参数参见表 3.2。可见光相机与热红外相机的组装结构参见图 3.2，2 种相机以相同的帧频（5 Hz）同时获取影像。直升机在高度为 400 m 的上空获取影像数据，在此条件下，可见光相机的地面采样距离（空间分辨率）为 0.08 m，热红外相机的地面采样距离（空间分辨率）为 0.3 m。

考虑可见光影像分辨率较高、纹理信息更丰富，本节将可见光影像点云作为三维基准模型，热红外影像序列提供温度信息。因此，为了融合热红外影像序列与可见光影像点云，首先需要解决的问题是二维热红外影像序列与三维可见光影像点云的配准。配准后，重叠影像之间仍然存在几何配准误差和辐射亮度差异。因此，需要重点解决的问题是倾斜航空摄影测量系统的几何配准和热红外影像纹理映射。

4.3.2　GNSS 数据辅助的热红外影像序列与可见光影像点云配准及纹理映射

基于全球导航卫星系统（global navigation satellite system, GNSS）数据辅助的热红外影像序列与可见光影像点云配准及纹理映射方法如图 4.11 所示。倾斜航空摄影测量系统的二维热红外影像序列与三维可见光影像点云的配准及纹理映射基本流程为：①利用运动结构恢复技术分别生成热红外影像点云和可见光影像点云；②利用 GNSS 数据辅助实现异源点云粗配准；③利用基于八叉树的迭代最邻近点（ICP）方法实现异源点云精配准；④利用全局影像位姿优化法进一步提高配准精度，进而提高热红外影像纹理映射结果的几何连续性和辐射连续性。

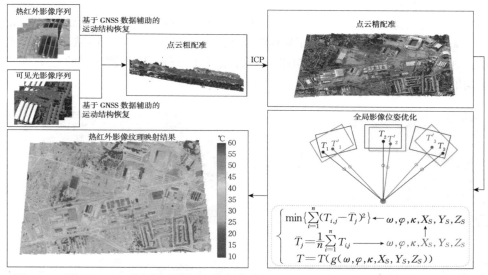

图 4.11　基于 GNSS 数据辅助的热红外影像序列与可见光影像点云配准及纹理映射方法

1. 点云生成

利用运动结构恢复软件 Agisoft PhotoScan 可以分别从可见光影像序列和热红外影像序列生成两个三维影像点云。在森林等具有复杂结构的生态系统环境下，考虑航空热红外影像序列容易因误匹配现象出现三维重建失败等问题（Maes et al, 2017），本节利用倾斜航空摄影测量条件下的多视角影像大幅增加热红外影像序列的水平重叠度和垂直重叠度。同时，利用沃利斯（Wallis）滤波器增强影像对比度，提高影像匹配和三维重建过程中连接点的质量并增加其数量，进而实现地表及典型地物的高精度三维重建。

2. 点云配准

采用点云粗配准和点云精配准实现热红外影像序列与可见光影像点云的配

准。点云粗配准依托先验的地面辅助定位数据实现，一方面，倾斜航空摄影测量系统搭载了全球导航卫星系统，可提供地面辅助定位数据，热红外影像点云与可见光影像点云之间具备粗略的几何配准关系。另一方面，由于惯性测量单元数据缺失，经过粗配准后，两个点云之间仍然存在较大的几何偏差。因此，需要利用精配准方法进一步提高异源点云之间的配准精度。

由于异源点云数据具有不同的噪声情况和点云密度，而点云精配准一般要求两个点云具备大致相同的点云密度，因此，采用的点云精配准方法为：①利用基于八叉树的点云压缩方法对可见光影像点云进行重采样，使得可见光影像点云与热红外影像点云具有相似的点云密度；②以点云粗配准结果为先验条件，利用基于点到点匹配的 ICP 算法获取两个点云的精确配准信息。本节采用基于 50 次迭代的随机采样 ICP 算法。

针对建筑物、河流、土壤三种不同的实验区域，本节利用点云到点云（cloud-to-cloud，C2C）距离分别实现了粗配准和精配准的精度评价，结果如图 4.12 所示。为了进一步对比粗配准和精配准结果，统计了三种不同样例区域的 C2C 距离平均值和标准差，如表 4.6 所示。

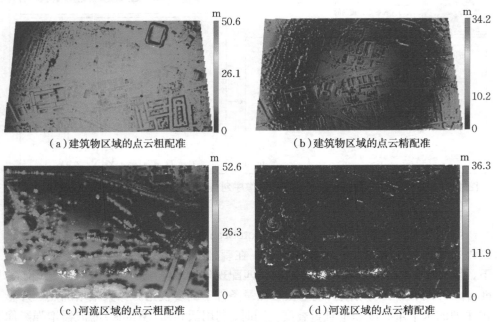

（a）建筑物区域的点云粗配准　　　　　　（b）建筑物区域的点云精配准

（c）河流区域的点云粗配准　　　　　　（d）河流区域的点云精配准

图 4.12　基于点云配准的 C2C 距离

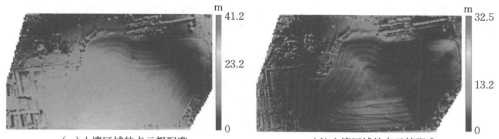

（e）土壤区域的点云粗配准　　　　　　　　（f）土壤区域的点云精配准

图 4.12（续）　基于点云配准的 C2C 距离

表 4.6　热红外影像点云与可见光影像点云之间的 C2C 距离平均值和标准差

单位：m

测试区域	粗配准		精配准	
	平均值	标准差	平均值	标准差
建筑物区域	15.7	6.3	4.1	2.9
河流区域	11.1	8.7	2.1	1.7
土壤区域	10.5	6.6	4.2	3.0

由图 4.12 和表 4.6 可知，由精配准解算得到的 C2C 距离平均值和标准差均远小于粗配准获取的结果。因此，基于 ICP 算法的点云精配准为热红外影像纹理映射提供了更精准的几何配准信息。

3. 热红外影像纹理映射

精确的点云配准为热红外影像纹理映射提供了较为精确的几何位姿信息，但是纹理映射过程中仍然需要考虑重叠影像之间的冗余和差异。针对倾斜航空摄影测量数据，对三种典型的热红外影像纹理映射方法进行比较。

1）热红外辐射特性选择法

热红外辐射特性选择法是根据热红外辐射特性选择最优的纹理影像（Lin et al，2018b），即选择具有最高 $\lambda_{i,j}$ 的影像，将其作为纹理源。计算公式为

$$\lambda_{i,j} = \frac{\cos\alpha_{i,j}\cdot\cos\beta_{i,j}}{D_{i,j}^2} \tag{4.12}$$

式中，$\lambda_{i,j}$ 表示由地面点 O_i 辐射、被影像 I_j 接收的热红外辐射能量，$\alpha_{i,j}$ 表示地面点 O_i 的观测视角，$\beta_{i,j}$ 表示影像 I_j 的影像观测角，$D_{i,j}$ 表示物像距离。

根据热红外辐射特性，最理想的纹理源是正射视角下的热红外影像，这主要由两个因素决定。首先，正射视角能够排除其他物体反射带来的噪声干扰，使得影像主要反映目标物体自身的辐射信息，这是因为镜面反射主要与地面观测视角 $\alpha_{i,j}$ 有关，如图 4.13 所示。其次，所有物体材料的辐射率随观测视角变化而变化。当观测视角为 0°～40°时，物体材料的辐射率几乎保持不变；而当观测视角大于 50°时，物体材料的辐射率会发生显著变化，且不同材料的变化趋势

也有所差异（Vollmer et al, 2017）。因此，正射视角下的影像纹理通常是最优选择。

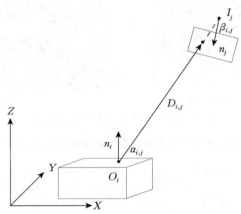

图 4.13　热红外辐射特性选择法原理

2）等权均值法

经过点云精配准后，假设大多数热红外影像已经具备精确的配准信息，因此，可以利用重叠影像的等权均值实现温度场测量（Javadnejad, 2018），公式为

$$\bar{T}_i = \frac{\sum_{j=1}^{n_i} T_{i,j}}{n_i} \tag{4.13}$$

式中，$\bar{T}_i$ 表示地面点 i 的平均温度值，$T_{i,j}$ 表示地面点 i 在影像 j 上的温度值，n_i 表示地面点 i 对应的重叠影像数量。

除了等权均值法，本节也测试了其他几种加权均值方法，具体的权重参数可根据物像距离、地面观测视角、影像观测角等因素确定。由于各类加权均值方法的纹理映射结果与等权均值方法几乎相同，此处不对其他变种加权均值方法进行讨论。

3）全局影像位姿优化法

上述两种方法均假设二维热红外影像序列与三维可见光影像点云的配准关系是精确的，在热红外影像纹理映射的过程中不需要继续优化影像的位姿信息，但是重叠影像之间往往存在难以消除的微小几何误匹配和一定程度的辐射亮度差异，导致纹理映射结果中频繁出现拼接缝和模糊效应。而该方法可在纹理映射过程中继续优化重叠影像的外方位元素，基本原理如图 4.14 所示。其中，黑色方框表示优化前的影像位姿，蓝色方框表示经过一次全局优化的影像位姿，T 表示热红外影像上对应像素的温度值。该方法的核心思想是通过最小化重叠影像的温度差异实现全局影像的位姿优化（Lin et al, 2019）。

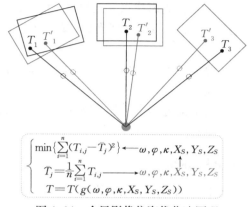

图 4.14　全局影像位姿优化法原理

全局影像位姿优化的目标函数 $E(R,t)$ 计算公式为

$$E(R,t) = \sum_{i=1}^{n_l} E(R_i,t_i) = \sum_{i=1}^{n_l} \sum_{j=1}^{N_i} \left[T_i(p_j,R_i,t_i) - \bar{T}(p_j) \right]^2 \quad (4.14)$$

式中，n_l 表示参与纹理映射的热红外影像数量，N_i 表示影像 I_i 包含的地面点数量，(R_i,t_i) 表示影像 I_i 的外方位元素。

对于同一地面点，假设重叠影像提供的温度值保持不变，因此，可以将重叠影像的平均温度值 $\bar{T}(p_j)$ 作为平差标准，计算重叠影像的温度差异。需要说明的是，$T(p,R,t)$ 可以表达为共线条件方程和双线性内插的组合函数形式。

由于全局影像位姿优化的目标函数被表示为最小二乘的形式，因此，可以利用高斯-牛顿方法或者利文贝格-马夸特方法实现外方位元素的迭代优化。在全局影像位姿优化的过程中，内方位元素保持不变，采用只优化影像序列外方位的策略，具体优化方法参见 4.2.3 节。基于优化的外方位元素，采用重叠影像的等权均值实现温度场测量。

4.3.3　精度评价

为了评价热红外影像序列与可见光影像点云之间的几何配准精度（相机之间的相对几何精度），本节首先分别在原始可见光影像点云和热红外影像纹理映射点云上手动标绘若干个几何检查点，然后利用欧几里得距离计算每个检查点的几何配准误差，最后统计所有检查点的均方根误差，用于评价纹理映射的几何配准精度。欧几里得距离 d 和均方根误差 $RMSE$ 的计算公式为

$$\left. \begin{aligned} d &= \sqrt{(X_{RGB} - X_T)^2 + (Y_{RGB} - Y_T)^2 + (Z_{RGB} - Z_T)^2} \\ RMSE &= \sqrt{\frac{1}{n_C} \sum_{i=1}^{n_C} d_i^2} \end{aligned} \right\} \quad (4.15)$$

式中，$(X_{RGB}, Y_{RGB}, Z_{RGB})$ 表示可见光影像点云上检查点的几何坐标，(X_T, Y_T, Z_T) 表示热红外影像纹理映射点云上检查点的几何坐标，d_i 表示检查点 C_i 的几何配准误差，n_C 表示检查点的数量。

本节使用的检查点全部位于不同物体之间的边界，即确保这些检查点在可见光影像纹理和热红外影像纹理上均具备清晰的边界，进而保证几何精度评价的准确性和稳定性。在机载数据采集过程中，由于缺少由温度计或温度枪提供的温度控制数据，因此此处不再进行定量的温度评价。

4.3.4　实验结果对比与分析

本节对比了建筑物、河流、土壤三种不同区域的实验结果，其中，建筑物区域包含 773 幅热红外影像，河流区域包含 327 幅热红外影像，土壤区域包含 712 幅热红外影像。

热红外辐射特性选择法的热红外影像纹理映射结果如图 4.15 所示。该方法的主要问题是纹理映射结果中出现了辐射非连续性和大量的拼接缝（图 4.15 中的黑框区域），其出现的原因是不同视角下热红外影像通常具有一定的辐射差异。因此，该方法将单一热红外影像作为纹理源，无法保证纹理映射结果的辐射连续性和几何连续性。

等权均值法的热红外影像纹理映射结果如图 4.16 所示。尽管等权均值法的辐射连续性相比热红外辐射特性选择法要好，但是有一个潜在的问题，即纹理映射结果存在模糊效应（如建筑物的边界），该问题主要由重叠影像之间的几何误匹配和辐射亮度差异引起。

全局影像位姿优化法的热红外影像纹理映射结果如图 4.17 所示。为了评价热红外影像纹理映射结果的几何配准精度，分别选取图 4.17（a）、图 4.17（b）和图 4.17（c）所示的检查点 $C_1 \sim C_6$ 对建筑物区域、河流区域和土壤区域进行精度评价。

（a）建筑物区域

图 4.15　热红外辐射特性选择法的热红外影像纹理映射结果

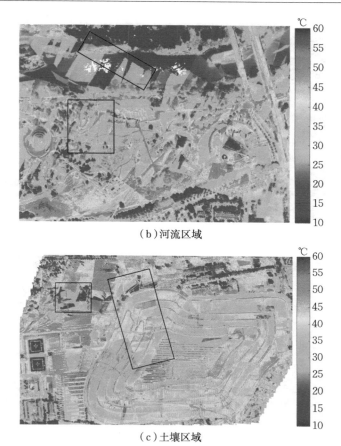

（b）河流区域

（c）土壤区域

图 4.15（续）　热红外辐射特性选择法的热红外影像纹理映射结果

（a）建筑物区域

图 4.16　等权均值法的热红外影像纹理映射结果

（b）河流区域

（c）土壤区域

图 4.16（续） 等权均值法的热红外影像纹理映射结果

（a）建筑物区域

图 4.17 全局影像位姿优化法的热红外影像纹理映射结果

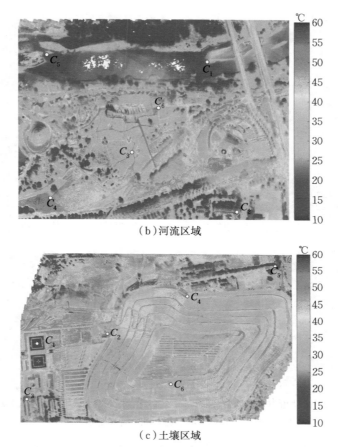

（b）河流区域

（c）土壤区域

图 4.17（续）　全局影像位姿优化法的热红外影像纹理映射结果

等权均值法与全局影像位姿优化法的局部放大对比如图 4.18 所示。

由图 4.18 可知，全局影像位姿优化法优于等权均值法，因为全局影像位姿优化法大幅降低了由重叠影像之间的几何误匹配和辐射亮度差异引起的模糊效应，提高了纹理映射结果的辐射连续性和几何连续性。

（a）建筑物区域的等权均值法纹理映射结果　　　（b）建筑物区域的全局影像位姿优化法纹理映射结果

图 4.18　不同区域纹理映射局部放大对比

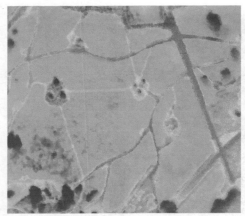
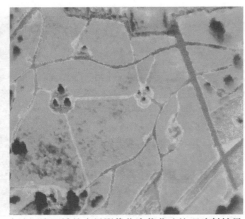

（c）河流区域的等权均值法纹理映射结果　　　　（d）河流区域的全局影像位姿优化法纹理映射结果

（e）土壤区域的等权均值法纹理映射结果　　　　（f）土壤区域的全局影像位姿优化法纹理映射结果

图 4.18（续）　不同区域纹理映射局部放大对比

　　表 4.7、表 4.8 和表 4.9 分别列举了各个检查点在不同纹理映射方法下的几何配准误差。表 4.10 对比了三种不同纹理映射方法取得的均方根误差。

表 4.7　建筑物区域内各检查点的几何配准误差　　　　　单位：m

方法	C_1	C_2	C_3	C_4	C_5	C_6
热红外辐射特性选择法	3.6	4.5	4.1	4.6	3.9	3.5
等权均值法	3.5	4.3	4.2	3.6	3.6	3.4
全局影像位姿优化法	2.6	2.8	2.9	2.5	2.8	2.0

表 4.8　河流区域内各检查点的几何配准误差　　　　　单位：m

方法	C_1	C_2	C_3	C_4	C_5	C_6
热红外辐射特性选择法	2.8	3.0	1.9	2.2	2.1	2.4
等权均值法	2.6	2.5	2.1	1.8	2.0	2.3
全局影像位姿优化法	2.3	2.5	1.8	1.7	1.9	2.1

表 4.9　土壤区域内各检查点的几何配准误差　　　　单位：m

方法	C_1	C_2	C_3	C_4	C_5	C_6
热红外辐射特性选择法	3.8	4.2	3.4	4.7	4.6	3.7
等权均值法	3.3	4.2	3.8	4.4	4.4	3.1
全局影像位姿优化法	2.4	3.5	3.4	4.3	3.9	3.0

表 4.10　建筑物区域、河流区域、土壤区域的均方根误差　　　　单位：m

方法	建筑物区域	河流区域	土壤区域
热红外辐射特性选择法	4.1	2.4	4.1
等权均值法	3.8	2.2	3.9
全局影像位姿优化法	2.6	2.1	3.4

由表 4.10 可知，全局影像位姿优化法在建筑物区域、河流区域、土壤区域均能取得最低的均方根误差，分别为 2.6 m、2.1 m 和 3.4 m。因此，从相机之间几何配准精度的角度来看，全局影像位姿优化法优于热红外辐射特性选择法和等权均值法。在热红外影像纹理映射的过程中，全局影像位姿优化法进一步提高了几何配准精度，而热红外辐射特性选择法和等权均值法没有在纹理映射的过程中进一步优化影像的位姿信息。热红外辐射特性选择法根据热红外辐射特性，针对每个地面点选择一幅最优的影像源进行纹理映射，而等权均值法假定大多数影像的位姿信息是准确的，通过计算重叠影像的等权均值实现温度场测量。

倾斜航空摄影测量系统 AOS-Tx8 的主要优势是可以快速、粗略地探测大范围建筑物群的潜在热裂缝，如图 4.19 所示。从图 4.19（b）可以看出，左侧建筑物屋顶可能存在一个潜在的热裂缝，因为屋顶上相邻区域内存在较大的温度差异，属于明显的热异常。同时，图 4.19（a）表明整个棕色屋顶主要由相同的材料构成。因此，本节方法能够实现大范围建筑物群的热裂缝快速检测。在实际应用中，为了提高热裂缝检测结果的精度，通常需要对所有潜在热裂缝区域进行实地考察，从而避免由辐射率差异引起的热裂缝误判。

此外，倾斜航空摄影测量系统的另一个优势是，在测量过程中不仅可以获取建筑物的屋顶信息，还能够准确描述建筑物的立面信息，如图 4.20 所示。由于受太阳光照更多，屋顶区域和立面区域温度较高，这些区域是使用太阳能的绝佳位置。基于倾斜航空摄影测量系统的热红外影像纹理映射方

（a）基准可见光影像点云　　（b）热红外影像纹理映射结果

图 4.19　潜在的建筑物热裂缝

法能够为城市环境条件下建筑物参数的反演提供支撑。

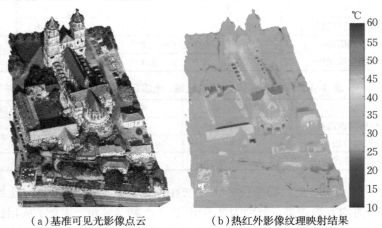

（a）基准可见光影像点云   （b）热红外影像纹理映射结果

图 4.20　教堂区域的热红外影像纹理映射结果

§4.4　本章小结

　　为了实现建筑物的三维温度场重建，本章以可见光影像点云为三维模型，重点研究了热红外影像序列与三维点云模型的配准和纹理映射方法，针对不同应用场景的特点（无辅助定位数据的手持摄影测量系统、GNSS 数据辅助的倾斜航空摄影测量系统），提出了全新的解决方案。

　　1）热红外影像序列与点云模型配准

　　在手持摄影测量系统下，本章提出了一种基于点云粗配准、影像精匹配的配准方法。该方法的优势是不依赖辅助定位数据或相机之间的固定相对位姿等先验信息，但是受建筑物重复结构模式的影响，该方法需要一个相对较弱的先验条件，即有高重叠度的热红外影像序列，用于生成热红外影像点云，并确保整个建筑物立面纹理结果有完整性表达。在倾斜航空摄影测量系统下，利用基于 GNSS 数据辅助的 ICP 点云配准方法代替异源影像匹配，实现二维热红外影像序列与三维点云模型的精确配准。实际上，在可见光相机和热红外相机实现了影像同步的条件下，可以简化热红外—可见光影像对的搜索过程，以相机之间的固定相对位姿为初始条件，利用异源影像匹配方法（如 RIFT 算法）能够实现更精确的相对定向和绝对定向。基于 ICP 点云配准方法的优势在于能够避免成百上千对的影像匹配，从而大幅提高城市级纹理映射的计算效率。当然，基于点云配准的方法也不局限于 4 台可见光相机与 4 台热红外相机组成的摄影测量系统，还可以应用于其他数目的组合相机系统。

2）热红外影像纹理映射

为了降低纹理映射结果中的模糊效应，克服重叠影像之间的微小几何误匹配和辐射亮度差异，本章以最小化重叠影像之间的温度差异为目标，提出了一种基于全局影像位姿优化的热红外影像序列纹理映射方法。实验结果表明，该方法在手持摄影测量系统和倾斜航空摄影测量系统下均能够显著改善纹理映射结果的几何一致性和辐射一致性，提高三维温度场的重建精度。手持摄影测量系统为建筑物立面的精细纹理映射提供支撑，倾斜航空摄影测量系统为大范围城市区域的潜在热异常检测和太阳能选址提供可能。

本章方法也存在一些不足，改进方向为：热红外影像纹理映射结果的质量在很大程度上取决于配准方法所能达到的几何精度。本章主要采用"点云粗配准—影像或点云精匹配—全局影像位姿优化"的基本流程，这些步骤均存在改进的空间。

（1）针对点云配准问题，FGR 算法的主要问题在于没有充分考虑异源影像点云中存在的尺度差异。当辅助定位数据缺失时，利用运动结构恢复技术生成的影像点云不具有尺度信息。本章使用尺度缩放参数（点云包围盒长度的最小比例）粗略地估算两个点云之间的尺度差异，但是实验结果显示（图 4.3），FGR 算法的点云配准精度不佳，且配准结果中的误差主要由粗略的尺度参数误差引起。因此，未来的异源点云配准工作需要重点研究尺度参数的精确获取与解算。进一步来说，为了提高异源点云的配准精度，考虑建筑物立面能够被分割成多个不同的平面，一种潜在的配准方法是在点云分割后建立平面与平面之间的匹配对应关系。

（2）针对热红外—可见光影像对匹配问题，尽管本章使用的影像匹配算法（RIFT＋NBCS＋RANSAC）能够显著降低由重复结构模式导致的错误匹配比例，但是该策略无法完全解决异源影像的误匹配问题。在热红外影像纹理映射的过程中，通过禁止错误匹配影像参与纹理映射，获取高精度的建筑物温度场重建结果。这显然不是最优的解决方案，更好的解决方案是进一步提高异源影像的匹配精度和效果，如利用语法规则解决由重复结构模式导致的影像误匹配。

（3）针对热红外影像纹理映射问题，全局影像位姿优化法要求所有三维地面点都参与影像外方位元素的调整与优化。从计算效率的角度看，这种优化策略的效率较低，且一般只能用于小尺度点云数据。当需要处理大尺度点云（如城市级点云）数据时，该方法并不实用。因此，一种改进方法是挑选混凝土等漫反射材料地面点参与全局优化。实际上，假设镜面反射材料（如玻璃、金属等）在不同拍摄角度的影像上均能够保持温度不变是错误的，这是因为这些材料总是反射附近其他物体的温度。因此，更合适的目标函数应该仅包含漫反射材料（如混凝土、木材等）的三维地面点，排除镜面反射材料的三维地面点。

（4）针对建筑物立面定量温度反演问题，本书提出的辐射定标模型（第 2 章）保证了相机不受室外环境变化的影响，辐射定标误差小于 2.0℃，该精度在基于手持摄影测量的单栋建筑物温度场测量结果中得到了验证（RMSE 低于 1.5℃）。这是因为本书仅考虑了三种不同的建筑材料，并未充分考虑辐射率校正对温度反演精度的影响。当更多类型的建筑材料（如金属）纳入考量时，依靠点云分类方法自动地确定建筑材料类型和辐射率对于动力学温度的精确反演具有重要作用，这是因为辐射率反演误差将会严重影响物体动力学温度解算的精度。

（5）本章仅讨论了热红外影像序列与可见光影像点云之间的融合问题，并未涉及热红外影像序列与激光点云（如背包激光点云、车载激光点云、机载激光点云）的融合。随着激光扫描仪的普及和大规模城市点云数据的出现，将热红外影像序列与大规模激光点云数据融合有利于实现城市级热红外分析与应用。

第5章　基于热红外属性信息的
点云目标提取

　　三维建筑物模型在可视化分析、城市规划、室内室外行人导航、效能评估、虚拟现实等领域发挥着重要作用。门窗是建筑物立面的基本元素,精确识别建筑物立面上门窗的位置及其拓扑关系对建筑物建模至关重要。CityGML 是城市建筑物应用的主要国际标准,按照建筑物细节层次(level of detail, LOD)模型的详细程度,CityGML 标准将三维建筑物模型划分为五个不同的等级(LOD0~LOD4),数值越大,代表建筑物模型越精细(Grger et al, 2012)。具体而言,门窗被定义为建筑物立面的开口区域,从 LOD3 级别开始,建筑物模型就要求对门窗进行精细的建模。因此,门窗的精细提取对构建地理信息系统下的建筑信息模型(building information model, BIM)至关重要。进一步而言,立面门窗的排列组合也可以用来辅助确定建筑风格与样式。此外,在建筑物能耗检测中,门窗通常被认为是产生热泄漏的主要来源,门窗面积占建筑总面积的比例是评估建筑物能耗的重要指标。因此,从影像或点云数据中精确识别建筑物的门窗成为摄影测量领域的研究热点。

§5.1　建筑物立面门窗提取研究现状

　　从建筑物立面点云中识别门窗主要有两种方法,即基于点特征的方法和面向对象的方法。

5.1.1　基于点特征的方法

　　Weinmann 等(2015)利用逐点特征分类方法实现了点云的分类与目标识别。Brodu 等(2012)利用多尺度局部描述特征提高了单一尺度特征的分类精度。为了避免逐点分类过程中的椒盐噪声,获得平滑的语义分类结果,Landrieu 等(2017)根据空间相邻点大概率属于同一类别的基本原则构建邻域概率图模型,然后利用结构规则化方法获得概率图模型的最优解,进而实现了顾及空间上下文信息的平滑分类结果。基于点特征的方法仅利用了点云的局部特征,缺少邻域上下文和全局信息,因此,对弱局部特征、弱纹理区域和大尺度目标的分类精度较差(Yang et al, 2017)。

5.1.2　面向对象的方法

为了提取完整的语义结构,可以采用先点云分割后特征提取的方法实现目标识别。

1. 点云分割方法

现有的点云分割方法大致可以分为四类,即模型拟合、区域生长、特征聚类和能量优化。

1)模型拟合

模型拟合通过拟合局部或全局几何特征(如位置、法向量)实现点云分割,即将满足相同几何模型的局部点集拟合为一个分割对象,从而将建筑物立面分割为由不同平面和不同直线组成的集合。最常用的模型拟合方法是随机采样一致性(RANSAC)算法和霍夫变换(Hough transform, HT)。RANSAC 算法首先通过随机采样点生成多个候选几何模型,再将具有最大内点集的模型作为分割模型(Fischler et al, 1981)。RANSAC 算法的主要优势是抗噪声能力强,能够在 50% 噪声条件下从点云中提取有意义的几何实体(如平面、球体、圆柱体、圆锥体),但是该方法对内点阈值、搜索距离等参数十分敏感,且无法提取不规则形状的物体。此外,将 RANSAC 算法应用于多平面检测不仅计算量巨大,还无法保证收敛至最优的分割结果。例如,不精确的第一个平面检测会对后续的平面检测精度产生严重的负面影响(Pham et al, 2016)。除了 RANSAC 算法,HT 也是一种典型的模型拟合方法,该方法最先应用于图像的直线提取,后来被扩展至三维模型的平面提取(Maas et al, 1999; Vosselman et al, 2001)、圆柱体提取、球体提取(Rabbani et al, 2005)。HT 首先根据几何表达式将每个点转换到参数空间,然后通过选择累加器空间中的局部最大值确定点云分割参数,实现高精度的点云分割,但是该方法难以处理建筑物立面的凸出物(如阳台、烟囱)和复杂的细节结构信息。

2)区域生长

区域生长(region growing, RG)通过迭代地融合具有相似特征(如法向量、曲率)的相邻点或相邻体素实现点云分割。典型的点云区域生长方法包括基于点的区域生长(Tóvári et al, 2005)、基于体素的区域生长、基于八叉树的区域生长(Vo et al, 2015)和混合区域生长(Xiao et al, 2013)。这些方法的基本原理是:首先选择一些典型点或体素,将其作为种子点,然后在区域生长过程中将满足预定义标准(如相似的法向量)的邻域点或体素融入种子点区域。因此,区域生长的主要优点是计算效率高,缺点是对点云的噪声和密度变化较为敏感。此外,点云分割质量在很大程度上取决于生长准则和初始种子点的选择。

3)特征聚类

与区域生长类似,特征聚类也是在一定的约束条件下将具有相似特征的点分组聚类为不同子区域的方法。典型的特征聚类点云分割方法包括 K 均值聚类（Shi et al, 2011）、模糊 C 均值聚类（Biosca et al, 2008）、层次化聚类（Xu et al, 2018）等。与区域生长相比，特征聚类的优势是不需要初始化种子点。与模型拟合方法相比，特征聚类的优势是能够从大范围的点云中识别多种不同类型的模型和特征。但是由于邻域尺寸和增长准则需要提前确定，该方法对于点云的密度变化、噪声和离群点同样不够稳健。

4）能量优化

能量优化是将点云分割转化为能量函数最小化问题（Isack et al, 2012；Pham et al, 2018）。Yan 等（2014）将机载激光点云的屋顶分割问题转化为能量函数最小化问题，并使用 α 扩张优化算法实现了屋顶点云的平面分割（Delong et al, 2012）。Dong 等（2018）提出了一种引导采样算法，通过交互式优化全局能量函数，实现了建筑物立面点云的语义分割。Wang 等（2016）利用相似的能量函数优化方法实现了室内点云的多平面分割与检测。相比其他点云分割方法，能量优化方法的优势是对噪声具有较强的鲁棒性。但是该方法计算量大，点云分割效率较低。

2. 特征识别方法

在完成建筑物点云的粗分割后，可以利用特征识别方法实现建筑物的窗户、门、墙面等部件级检测。为了准确提取建筑物立面上的门窗，现有特征识别方法可以分为两类，即模式识别方法和基于孔洞的方法。

模式识别方法假设建筑物立面由基本规则形状（如矩形、圆形、三角形）和重复结构图案构成，因此，可以利用形状语法规则检测具有重复性和对称性的结构元素，进而实现建筑物立面门窗的精确提取。具体而言，动态规划（Cohen et al, 2014）、条件随机场（Gadde et al, 2016）、受限玻尔兹曼机均具有从立面影像或点云中识别形状相似、高度对称窗户的潜力，且能够估算三维模型中的数据缺失。Malihi 等（2018）利用基于局部密度的多尺度滤波和对称性格式塔法则在可见光影像点云上实现门窗提取。为了提高建筑物立面语义建模的抗噪能力，Fan 等（2021）利用基于格式塔法则的关系图模型和基于吉布斯采样的模拟退火优化策略实现了低密度点云数据的立面建模。模式识别方法的优势是能够处理低密度的点云数据，鲁棒性较强，但是需要预先定义具有重复性、对称性结构的基本特征。

由于窗户表现为无纹理、透明的强反射强透射平面，因此，在激光点云数据中，窗户一般表现为孔洞。基于这一特点，一种典型的门窗提取方法是识别三维点云数据中的孔洞。Pu 等（2009）利用点的法向量方向特征（是否与地面垂直）、位置特征（高度是否位于地面、建筑物立面、屋顶）、拓扑关系特征（是否与立面或屋顶相连）、德洛奈三角网长边特征（长边是否异常长）确定门窗边缘点。但是该方法严重依赖先验信息，对不同数据的泛化性能较差。类似地，Truong-Hong 等（2012）利用孔洞边缘点所在三角形边长较长的特性，实现了基于孔洞特征的建筑物窗户提取。为了提高窗户轮廓的提取精度，Truong-Hong 等（2013，2014）进一步提出了基于 KD 树的方法和基于体素的方法，但是这些方法只能提取建筑物立面上的类矩形窗户结构，且计算效率较低。Zolanvari 等（2016）利用基于局部密度分析的分层切片法（slicing method，SM）大幅提高了单一建筑物立面数据下门窗和轮廓的提取效率。随后，Zolanvari 等（2018）进一步改进了分层切片法（improved slicing method，ISM），实现了全景三维点云数据和倾斜屋顶条件下的门窗识别。

综上所述，现有方法大多只关注给定点云的几何特征，而忽略其他特征。为此，本章融合热红外特征、可见光特征与几何特征实现建筑物立面的门窗提取。

§5.2　非监督型窗户提取方法

本节采用先点云分割（提取点云对象）、再根据对象级特征提取目标的方法实现建筑物立面的窗户提取。

5.2.1　基于多尺度超体素的点云分割

点云分割可通过多尺度超体素生成、区域生长、能量函数最小化实现。

1. 多尺度超体素生成

多尺度超体素生成首先将点云以最大尺度分割为超体素集合，再根据超体素的显著性特征将各个超体素区分为平面或非平面。然后，将非平面超体素以较小的尺度继续细分。重复上述步骤，直至尺度参数小于预设的最小尺度参数。

具体来说，利用体素云连通性分割（voxel cloud connectivity segmentation，VCCS）方法（Papon et al，2013）将点云在不同尺度下分割为超体素集合。在超体素分割过程中，考虑点与点之间的空间距离特征、法向量偏差特征和热红外属性距离特征，并且将这三种特征的权重值设置为等权。需要说明的是，为了便于实现后续的点云分割和目标提取，本节不使用立面的实际温度值，而是将温度值（℃）线性缩放为具有三通道的 8 位彩色图像，因为 VCCS 方法需要将三通道 8 位彩色图像标量作为输入。之后，判断每个超体素属于平面区域还是非平面区域。

判断准则：①利用超体素 s 内的所有离散点计算协方差矩阵；②使用主成分分析计算协方差矩阵的特征值（$\lambda_1 > \lambda_2 > \lambda_3$）和特征向量（$e_1$、$e_2$、$e_3$）；③计算显著性特征；④根据相关条件，将超体素分类为平面区域或非平面区域。显著性特征的计算公式为

$$
\left.\begin{aligned}
m_1 &= \frac{\sqrt{\lambda_1} - \sqrt{\lambda_2}}{\sqrt{\lambda_1}} \\
m_2 &= \frac{\sqrt{\lambda_2} - \sqrt{\lambda_3}}{\sqrt{\lambda_1}} \\
m_3 &= \frac{\sqrt{\lambda_3}}{\sqrt{\lambda_1}} \\
\bar{n}_s &= \frac{1}{N} \sum_{m=1}^{N} |\arccos(\boldsymbol{n}_m \cdot \boldsymbol{n}_s)|
\end{aligned}\right\}
\tag{5.1}
$$

式中，(m_1, m_2, m_3) 表示超体素的显著性特征，$\boldsymbol{n}_m$ 和 $\boldsymbol{n}_s$ 分别代表超体素内点 m 的法向量和超体素 s 的法向量，N 表示超体素 s 内包含的点数，$\bar{n}_s$ 表示所有点的法向量与超体素 s 法向量之间的平均角度。

由于影像点云通常比激光雷达点云具有更多的噪声，因此，本节在平面确定的过程中考虑了 $\bar{n}_s$ 的影响。对于超体素 s，只有当其显著性特征 (m_1, m_2, m_3) 和法向量角度 $\bar{n}_s$ 满足相关条件时，才认为超体素 s 为平面区域；否则，认为超体素 s 为非平面区域，需要进一步细分。相关条件的计算公式为

$$
h_s = \begin{cases} 平面，当 \ m_2 > m_1 \cap m_2 > m_3 \cap \bar{n}_s < 5° \\ 非平面，其他 \end{cases}
\tag{5.2}
$$

式中，h_s 表示超体素 s 的平面特性。

在实现了点云的多尺度超体素分割后，点云中的点可自动分为平面区域或非平面单点，大幅减少了点云中基本处理单元的数量。本节进一步将平面区域和非平面单点作为基本单元，计算每个基本单元的统计特征，用于区域生长和能量优化。公式为

$$
\left.\begin{aligned}
\boldsymbol{n}_s(a_s, b_s, c_s) &= \boldsymbol{e}_3 \\
d_s &= -(a_s x_s + b_s y_s + c_s z_s) \\
\text{thermal}(R_s, G_s, B_s) &= \frac{1}{N} \sum_{m=1}^{N} \text{thermal}(R_m, G_m, B_m) \\
f_s &= \frac{\lambda_3}{\lambda_1 + \lambda_2 + \lambda_3}
\end{aligned}\right\}
\tag{5.3}
$$

式中，$\boldsymbol{n}_s(a_s, b_s, c_s)$ 表示基本单元 s 的法向量，(x_s, y_s, z_s) 表示基本单元 s 的中心位置的坐标，d_s 表示从中心位置到拟合平面的距离，$\text{thermal}(R_s, G_s, B_s)$ 表示基本单元 s 的平均热红外特征，$\text{thermal}(R_m, G_m, B_m)$ 表示点 m 的热红外特征，m 表示基本单元 s 内一点，N 表示基本单元 s 内包含的点个数，f_s 表示基本单元 s 的曲率。此外，平面区域基本单元利用其所有内点计算协方差矩阵，而非平面单点基本单元则考虑 K 近邻点计算协方差矩阵。

2. 区域生长

以多尺度超体素分割得到的基本单元（平面超体素、非平面单点）为输入，通过混合区域生长的方法实现建筑物立面点云的初始平面分割，将其作为后续能量优化的初始分割结果。该算法通过迭代地融合具有相似统计特征的相邻基本单元生成多个平面。

区域生长的基本工作流程为：将具有最小曲率的基本单元作为种子平面，从其开始，将具有相似法向量 $\boldsymbol{n}(a, b, c)$、相似热红外特征 thermal(R, G, B) 和相似拟合平面距离 d 的相邻基本单元合并到种子平面内。其中，法向量偏差的角度阈值设置为 $10°$，热红外特征的偏差阈值设置为 60（8 位图像模式），拟合平面距离偏差阈值设置为 $0.2\,\mathrm{m}$，圆形区域距离搜索半径设置为 $1.5\,\mathrm{m}$。区域生长采用深度优先搜索（depth-first search, DFS）的方式执行。深度优先搜索尽可能多地合并所有未被合并的基本单元，生成一个初始平面。当一个平面无法找到更多满足合并要求的基本单元时，区域生长从未被合并的基本单元中选择具有最小曲率的基本单元。从此开始，重复该搜索合并过程生成第二个平面，直至迭代结束。

3. 能量函数最小化

区域生长得到的平面集合往往不是平面分割的最优解，因此，需要将区域生长点云分割结果作为能量函数优化的输入，将点云分割转化为能量函数最小化问题。能量函数由数据损失项、平滑损失项和标签损失项三部分构成，即

$$
E(S, P) = \overbrace{\sum_{s \in S, p \in P} \mathrm{dis}(s, p)}^{\text{数据损失项}} + \overbrace{\sum_{(s_1, s_2) \in \mathrm{edge}} \delta(s_1, s_2)}^{\text{平滑损失项}} + \overbrace{\kappa \cdot |P|}^{\text{标签损失项}} \tag{5.4}
$$

式中，κ 表示分割平面内的最小点数，$|P|$ 表示点云分割后的平面数量。

在数据损失项中，主要考虑基本单元到各分割平面之间的空间距离和热红外属性距离。计算公式为

$$
\left.
\begin{aligned}
\mathrm{dis}(s, p) &= \left(\frac{s\_\mathrm{dis}}{\sigma_s}\right)^2 + \left(\frac{t\_\mathrm{dis}}{\sigma_t}\right)^2 \\
s\_\mathrm{dis} &= \sum_{m \in s} \frac{|a_p x_m + b_p y_m + c_p z_m + d_p|}{\sqrt{a_p^2 + b_p^2 + c_p^2}} \\
t\_\mathrm{dis} &= \sum_{m \in s} \sqrt{(R_m - R_p)^2 + (G_m - G_p)^2 + (B_m - B_p)^2}
\end{aligned}
\right\} \tag{5.5}
$$

式中，$\mathrm{dis}(s, p)$ 表示基本单元 s 与平面 p 之间的空间距离与热红外属性距离之和；s_dis 表示基本单元 s 与平面 p 之间的空间总距离，用基本单元 s 所有内点与平面 p 之间的空间距离之和表示；m 表示基本单元 s 的内点；t_dis 表示基本单元 s 与平面 p 之间的热红外总距离，用基本单元 s 所有内点与平面 p 之间的热红外距离之和表示；σ_s 表示空间距离 s_dis 的权重参数；σ_t 表示热红外距离 t_dis 的权重参数；

a_p、b_p、c_p、d_p 表示平面 p 的拟合参数;(x_m, y_m, z_m) 表示点 m 的三维坐标;R_m、G_m、B_m 表示点 m 的热红外特征;R_p、G_p、B_p 表示平面 p 的热红外特征。

由式(5.4)和式(5.5)可知,基本单元 s 与平面 p 之间的空间距离和热红外属性距离越小,基本单元 s 到平面 p 的数据损失项就越小,将基本单元 s 合并到平面 p 的可能性就越大。

式(5.4)中的平滑损失项鼓励相邻基本单元 s_1 与 s_2 具有相同的类别标签,即属于同一平面。利用不规则三角网(triangular irregular network,TIN)构造基本单元之间的邻域系统,在相邻基本单元之间通过邻接边连接,并使用 Potts 模型(Boykov et al, 2001)描述相邻基本单元之间的平滑损失量。具体来说,如果相邻的基本单元 s_1 和 s_2 属于同一平面,则平滑损失项 $\delta(s_1, s_2)$ 为 0;否则,$\delta(s_1, s_2)$ 被设置为 1,即

$$\delta(s_1, s_2) = \begin{cases} 0, & \text{若 } L_{s_1} = L_{s_2} \\ 1, & \text{若 } L_{s_1} \neq L_{s_2} \end{cases} \tag{5.6}$$

式中,L_{s_1} 和 L_{s_2} 表示相邻基本单元 s_1 和 s_2 所属的平面标号。

式(5.4)中的标签损失项表示对过多分割平面数量的惩罚。标签损失项主要用于减少分割后的平面数量,降低过分割的影响。能量函数最小化优化过程以迭代的方式实现,直至能量函数不能降低。每次迭代后,所有平面的统计特征需要利用内点重新计算。

5.2.2　对象级窗户指数提取

经过超体素生成、区域生长和能量函数优化的点云分割后,获得了多尺度点云分割对象。通过统计分割对象的基本特征,可以实现立面窗户区域的全自动提取。

由于镜面反射效应,窗户总是反射周围的物体。尤其是从地面角度观测,大多数建筑物立面上的窗户,特别是位于较高楼层的,总是反射寒冷的天空,因此,与建筑物立面的墙壁相比,窗户的温度较低。此外,与墙面相比,窗户的尺寸较小。本节采用 RGB 彩色条表示建筑物立面的温度,对象的蓝色(B)值越高,尺寸(size)值越小,则该对象是建筑物窗户的可能性就越大。建筑物窗户特征(WI)表达式为

$$WI = \frac{N_B}{N_{size}} \tag{5.7}$$

式中,分割对象的热红外特征 N_B 通过计算对象内所有点的热红外特征平均值表示,分割对象的尺寸特征 N_{size} 的表达式为

$$N_{size} = \Delta X + \Delta Y + \Delta Z \tag{5.8}$$

式中，ΔX、ΔY 和 ΔZ 分别表示分割对象在 X 轴、Y 轴和 Z 轴上的范围跨度。

    分割对象的窗户特征值越大，则该对象越可能是窗户，因此，本节利用简单的窗户特征阈值法（如 15）从建筑物立面点云中粗略地提取窗户。然后，利用一系列窗户提取优化方法进一步完善窗户的提取结果。具体而言，立面上窗户的法向量应该与 Z 轴平行，因此，当初始窗户对象的法向量与 Z 轴的夹角小于阈值（如 $20°$）时，该对象被认为是窗户。此外，当初始窗户对象的面积较大（如大于 $3\,\mathrm{m}^2$）且与地面相连（即距离建筑物模型底部小于 $0.2\,\mathrm{m}$）时，该对象被认为是建筑物的门而非窗户。

    为了评估建筑物窗户的提取结果，需要评价提取结果的正确性和完整性，即

$$\left.\begin{array}{l} f_1 = \dfrac{\|\mathrm{TP}\|}{\|\mathrm{TP}\| + \|\mathrm{FP}\|} \\[2mm] f_2 = \dfrac{\|\mathrm{TP}\|}{\|\mathrm{TP}\| + \|\mathrm{FN}\|} \end{array}\right\} \tag{5.9}$$

式中，f_1 表示正确性；f_2 表示完整性；正阳性（TP）代表正确检测结果，即对象是窗户且被检测为窗户；$\|\mathrm{TP}\|$ 表示正确检测结果的数量；假阳性（FP）代表误检结果，即对象不是窗户，但是被检测为窗口；$\|\mathrm{FP}\|$ 表示误检结果的数量；假阴性（FN）代表漏检结果，即对象是窗户，但未被检测为窗户；$\|\mathrm{FN}\|$ 表示漏检结果的数量。

    地面真值通过手动标注窗户的边界获得。当分割窗户中 70% 以上的点位于手动标注边界框内时，该窗户被视为正阳性（TP）分割结果；当分割窗户中 50% 以上的点没有位于手动标注边界框内时，该窗户被视为假阳性（FP）分割结果；当手动标注边界框内没有对应的分割窗户或 50% 以上的点时，则认为出现了假阴性（FN）分割结果。

5.2.3   实验结果与分析

    非监督型窗户提取实验数据如图 5.1 所示，该点云数据通过热红外影像纹理映射生成，基本流程为：①利用运动结构恢复技术分别从可见光影像序列和热红外影像序列生成可见光影像基准点云和热红外影像点云；②利用点云粗配准和影像精匹配实现热红外影像序列与可见光基准点云的配准；③利用全局位姿优化实现高精度的热红外影像纹理映射，构建精确的三维温度场（Lin et al, 2019）。

    利用点云的空间位置特征和热红外特征实现建筑物立面的点云分割和窗户提取。针对实验数据，利用多尺度超体素点云分割能够得到如图 5.2 所示的分割结果。图 5.2（b）中红点代表平面区域点，蓝点代表非平面区域点。

    经过混合区域生长，点云分割结果如图 5.3 所示。

    为了进一步优化点云分割结果，采用能量函数最小化得到最终的点云分割结果，如图 5.4 所示。

图 5.1　非监督型窗户提取实验数据

（a）多尺度超体素分割

（b）超体素平面分类结果

图 5.2　多尺度超体素点云分割结果

图 5.3　混合区域生长点云分割结果

图 5.4　能量函数最小化点云分割结果

在点云分割结果的基础上，利用式(5.7)计算整个建筑物立面的对象级窗户特征，对象级窗户特征如图 5.5 所示。

图 5.5　对象级窗户特征

最后，利用窗户特征阈值法和基于法向量特征分析的优化方法实现建筑物立面的窗户提取，提取结果如图 5.6 所示，图中红色部分代表窗户。

图 5.6　建筑物窗户提取结果

利用手动标注的方法获取建筑物窗户的真实结果，并通过式(5.9)统计建筑物窗户的自动提取精度，统计结果如表 5.1 所示。

表 5.1　建筑物窗户提取的精度统计

正阳性 / 个	假阳性 / 个	假阴性 / 个	正确性/%	完整性/%
98	22	17	82	85

由表 5.1 可知，针对实验数据，利用非监督型窗户提取方法得到的窗户提取正确性为 82%，完整性为 85%。该方法的前提是假设窗户的温度较低，与相邻的物体(如墙壁)相比，存在明显的温度差。但是有些窗户没能被成功识别，这是因为这些窗户反射了周围温度较高的物体，导致这些窗户与周围物体之间的温度差大幅降低。

§5.3　监督型门窗提取方法

现有点云分类方法主要利用点云的空间位置信息、可见光属性信息，缺乏对热红外属性信息的利用。为了弥补这一空白，本节重点研究热红外属性信息是否能够提高建筑物语义识别的精度。§5.2 介绍了利用非监督型点云分割方法实现建筑物立面的窗户提取，本节将重点介绍利用监督型分类方法（随机森林和条件随机场）实现建筑物立面门窗的提取。

5.3.1　基于多尺度特征的随机森林点云分类

Pu 等（2009）发现，与仅使用点云的空间位置特征相比，融合 RGB 特征不一定能保证获得更好的分割结果。因此，本节将重点讨论几何特征、可见光特征、热红外特征能否对提高点云分类精度实现优势互补。

1）几何特征

为了提取点云的几何特征，将点云中的每个点作为球心，利用球形半径内的邻域点集构建协方差矩阵，通过计算协方差矩阵的特征值和特征向量实现中心点几何特征的提取。将协方差矩阵的特征值（$\lambda_{max} > \lambda_{med} > \lambda_{min}$）与最小特征值对应的特征向量（$e_{min}$）作为局部几何特征基准，通过特征值和特征向量的四则运算即可获得丰富三维几何特征（如平面拟合性、各向异性、线性、平面性、球面性、无差异性、垂直性），如表 5.2 所示。现有研究表明，多尺度特征有利于提高点云分类精度（Weinmann et al，2015），因此，使用 3 种不同半径的球形邻域计算多尺度几何特征。由于热红外影像的地面采样距离（空间分辨率）约为 2.5 cm，因此 3 种球形邻域半径的尺寸设置为 10 cm、30 cm 和 50 cm。

2）可见光特征

与 RGB 颜色空间相比，HSV 颜色空间对光照条件变化的鲁棒性更强，且具备一定消除阴影的能力，在点云分类、目标识别等领域更具优势（Becker et al，2018）。因此，将 RGB 颜色空间转化至 HSV 颜色空间，并用［$H\ S\ V$］表示点 p 的可见光值，其中，H 表示点 p 的色相，S 表示点 p 的饱和度，V 表示点 p 的亮度。除了单点颜色特征，本节还在 3 个球形尺度上（半径为 10 cm、30 cm 和 50 cm）分别计算了可见光跨度、可见光均值和可见光标准差，将其作为可见光局部统计特征。

3）热红外特征

与可见光特征类似，热红外特征不仅考虑了单点温度特征，也考虑了 3 个不同球形尺度上的热红外跨度、热红外均值和热红外标准差，将其作为热红外局部统计特征。所有特征描述子的计算方法如表 5.2 所示。

基于上述特征提取结果，本节将随机森林作为监督型分类器预测不同类别标签 y 的条件概率 $P(y|x)$，进而实现点云分类。随机森林作为一种经典的分类方法，由一组随机训练的决策树组成，每棵决策树根据训练数据的随机子集训练获得，因此，不同决策树的分类结果可以认为是互不相关的，综合多棵决策树的分类结果能够显著提高预测结果的外推性和鲁棒性（Breiman，2001）。具体到点云分类问题，对于每个三维点，随机森林中的每棵决策树都会为其提供一个分类结

果,三维点的最终分类标签通过选择多数票结果确定。本节实验采用由 50 棵决策树组成的随机森林实现,为了平衡预测结果的精度与计算效率,采用袋外误差(out-of-bag,OOB)的方法提升分类效果。

表 5.2　三维特征描述子

特征类型	特征描述子	计算方法
几何特征	平面拟合性	$\lambda_{\min}$
	各向异性	$(\lambda_{\max} - \lambda_{\min})/\lambda_{\max}$
	线性	$(\lambda_{\mathrm{med}} - \lambda_{\min})/\lambda_{\min}$
	平面性	$(\lambda_{\mathrm{med}} - \lambda_{\min})/\lambda_{\max}$
	球面性	$\lambda_{\min}/\lambda_{\max}$
	无差异性	$(\lambda_{\min} \cdot \lambda_{\mathrm{med}} \cdot \lambda_{\max})^{\frac{1}{3}}$
	垂直性	$1 - |[0\ 0\ 1]\ \boldsymbol{e}_{\min}|$
可见光特征	可见光值	$[H\ S\ V]$
	可见光跨度	$[H_{\max} - H_{\min}\quad S_{\max} - S_{\min}\quad V_{\max} - V_{\min}]$
	可见光均值	$\dfrac{1}{n}\sum_{i=1}^{n}[H_i\ S_i\ V_i]$
	可见光标准差	$\left[\dfrac{1}{n}\sum_{i=1}^{n}([H_i\ S_i\ V_i] - [\bar{H}\ \bar{S}\ \bar{V}])^2\right]^{\frac{1}{2}}$
热红外特征	热红外值	T
	热红外跨度	$T_{\max} - T_{\min}$
	热红外均值	$\dfrac{1}{n}\sum_{i=1}^{n}T_i$
	热红外标准差	$\left[\dfrac{1}{n}\sum_{i=1}^{n}(T - \bar{T})\right]^{\frac{1}{2}}$

注:N 表示以点 p 为中心、r 为半径的球形范围内的邻域点集;n 表示邻域内点的数量。

5.3.2　基于条件随机场的分类平滑

基于点特征的分类结果极易受到椒盐效应的干扰导致分类精度降低,为了抑制椒盐效应的影响,本节在随机森林分类结果的基础上,利用条件随机场挖掘点云的上下文信息,进而平滑点云分类结果,提高点云分类精度。

条件随机场是一种无向图模型优化方法,能够为点云分类提供基于上下文信息的统计概率框架。在典型的条件随机场模型中,无向图 $G(n,e)$ 包含一组节点 n 及其对应的一组边 e。具体到点云分类问题,每个节点 $n_i \in n$ 对应于三维点云中的一个点,而每条边 e_{ij} 代表一条连接相邻点 n_i 和 n_j 的边。点云分类的目标是在已知点云特征 x 的基础上,找到所有点最优分类的标签 y,条件随机场通过最大化后验概率 $P(y|x)$ 实现分类平滑(Kumar et al,2006)。计算公式为

$$P(y|x) = \frac{1}{Z(x)} \Big(\prod_{i \in n} \phi_i(x, y_i) \prod_{e_{ij} \in e} \psi_{ij}(x, y_i, y_j) \Big) \tag{5.10}$$

式中，$Z(x)$ 表示归一化常数，用于将势函数转换为概率；$\phi_i(x, y_i)$ 表示一元势函数，能够将每个节点 n_i 的分类标签 y_i 连接到已知点云特征 x 上；$\psi_{ij}(x, y_i, y_j)$ 表示二元势函数，能够建立起相邻点标签 y_i 和 y_j 之间的上下文关系。此处，将一元势函数和二元势函数设置为等权分布。

与栅格图像不同，点云数据在三维空间呈现非均匀分布，因此，条件随机场模型缺乏直接的点云数据邻域计算方法。本节选用球形邻域获取每个中心点的邻域集合，即以每个三维点为中心，在半径为 10 cm 的球形邻域内，通过无向图的邻接边连接所有相邻点，进而使用随机森林分别对一元势函数和二元势函数进行分类。一元势函数 $\phi_i(x, y_i)$ 的最优分类结果通过整合互相协同的多尺度点特征集合实现（参见 5.4.1 节）。为了避免分类概率出现 0，这里使用指数函数计算后验概率，公式为

$$\phi_i(x, y_i = l) = \exp \frac{N_l}{T} \tag{5.11}$$

式中，点 i 的分类标签通过选取 T 棵决策树中的多数投票值 N_l 来确定。

条件随机场通过给相邻的三维点赋相同的分类标签抑制椒盐效应，达到平滑分类结果的目的。大多数二元势函数一般采用 Potts 模型或其变种，更为复杂的二元势函数还可以通过计算相邻点的联合后验概率模型实现。这些方法的优势是能够避免分类结果的过平滑，达到更高的分类精度，但是计算代价更大。本节采用一种基于条件概率的随机森林方法解决相邻点被分为不同标签的问题。

假设点云中存在 c 个不同的地物类别，那么相邻点的二元势函数就需要考虑 c^2 种不同的地物分类情况。以一条连接节点 n_i 和 n_j 的边 e_{ij} 为例，二元特征集通过两点特征 $g_{ij}(x)$ 构建，构建方式包括级联和差分。级联是通过将两邻接点特征合并为一个集合的方式构建，即 $g_{ij}(x) = \{f_i(x), f_j(x)\}$；差分是通过计算两个邻接点特征差分的方式构建，即 $g_{ij}(x) = f_i(x) - f_j(x)$。由于邻接点的特征值较为近似，特征值差分趋近于 0，不利于区分不同地物类别之间差异，因此采用级联的方式构建二元特征集。

多尺度二元特征集不能大幅提高点云分类精度，与一元势函数在三个不同尺度上计算特征集不同，本节仅在以 10 cm 为半径的单一球形尺度上计算二元特征集。二元势函数的计算公式为

$$\psi_{ij}(x, y_i = l, y_j = k) = \exp \frac{N_{l,k}}{T} \tag{5.12}$$

式中，l 和 k 分别表示相邻点的分类标签，相邻点 i 与 j 的分类标签 l 和 k 通过选取多数投票值 $N_{l,k}$ 来确定。

因此，联合式(5.11)的一元势函数和式(5.12)的二元势函数，即可得到式(5.10)的条件随机场最大后验概率模型。为了取得最大后验概率值和最优的点云分类结果，使用一种基于循环置信传播(loopy belief propagation，LBP)的迭代传递算法，在不增加错分结果的基础上，尽量降低相邻点被分为不同地物类别的椒盐效应。

5.3.3　实验结果与分析

以德国老城区的两排复杂建筑物为例，对本节提出的方法进行验证。对于每个建筑物立面，为了获取含有热红外属性信息的影像点云，本节分别使用热红外相机和可见光相机获取热红外影像序列和可见光影像序列。考虑热红外相机的视场角较小，本节以合适的距离间隔和角度间隔拍摄建筑物立面影像序列，在兼顾建筑物立面底部、中间、顶部信息的同时，保证影像序列内具有足够的影像重叠度，如图5.7所示。

　　　　(a)可见光影像序列　　　　　　　　　　　(b)热红外影像序列

图5.7　建筑物立面的可见光与热红外影像序列

考虑热红外影像分辨率低、边缘模糊，影像点云质量较差，本节以可见光影像点云为三维基准，通过配准和纹理映射将热红外属性信息投影至三维点云。具体配准方法参见第4章，配准流程为：①利用Photoscan软件分别生成可见光影像点云和热红外影像点云；②利用点云粗配准、影像精匹配的方法实现热红外影像序列与可见光影像点云的配准；③综合利用影像相对点云的几何特征和拓扑关系特征构建纹理映射函数，逐点计算每个三维点的热红外属性值(Callieri et al，2008)。带有可见光属性信息、热红外属性信息的建筑物立面点云如图5.8所示。

（a）立面 1 的可见光点云

（b）立面 1 的热红外点云

（c）立面 2 的可见光点云

（d）立面 2 的热红外点云

图 5.8　带有可见光属性信息和热红外属性信息的建筑物立面点云

　　由于非制冷型热红外相机的输出不仅取决于物体辐射，还与随时间变化的传感器温度相关，因此，本节利用辐射定标方法尽量消除由传感器温度变化带来的相机响应，进而得到均匀一致的物体表面温度。为了评估辐射定标对点云分类精度的影响，本节采用两种不同的辐射定标方法。对于建筑物立面 1，使用商用软件 FLIR GEV（1.7 版）进行辐射定标，该方法属于基于快门的传统辐射定标方法。

对于建筑物立面 2，使用第 2 章所述的非快门辐射定标方法（Lin et al，2018a）。

本节实验首先验证几何特征、可见光特征、热红外特征，以及不同的特征组合对点云分类精度的影响，然后在最优逐点分类结果的基础上，利用条件随机场引入上下文特征，平滑逐点分类结果中的椒盐效应，进而得到对象级点云分类结果。

两组立面点云数据共包含约 278 万个离散点，约 370 个建筑物门窗对象，参考点云分类结果通过手动标注完成。在实验中，按照固定的门窗样本比例，通过随机采样，将两组建筑物立面点云数据分成训练样本集和测试样本集，以便对不同的特征组合进行点云分类精度评价。具体的训练样本和测试样本数据集如表 5.3 所示。

表 5.3　训练样本和测试样本数据集情况

数据集	数据点数 / 个	窗户和门对象 / 个	窗户和门点数 / 个	窗户和门点数百分比 /%
立面 1 训练集	629 367	85	160 286	25
立面 2 训练集	395 863	61	120 008	30
立面 1 测试集	876 050	120	222 968	25
立面 2 测试集	890 037	105	270 261	30

通过多尺度点特征分类实验验证哪些特征（几何特征、可见光特征、热红外特征）有助于提高点云分类精度。每组对比实验采用相同的训练样本集进行训练，并使用相同的测试样本集进行精度评价，分类结果的精度评价采用逐点计算的方法，即将预测分类结果与手动标注标签进行逐点对比，并利用式（5.9）进行点云分类的正确性和完整性精度评价。在随机森林分类器参数不变的条件下，通过对比不同特征组合的分类精度，验证不同种类特征之间的优势互补特性。本节设置四组实验：①热红外特征；②热红外特征和几何特征；③热红外特征和可见光特征；④热红外特征、几何特征和可见光特征。

表 5.4 和图 5.9 给出了利用不同特征集实现逐点点云分类的精度统计结果。由表 5.4 可知，两组立面数据分类实验得到的结论相同，分类过程中考虑的特征种类越多，点云的分类精度越高，当融合所有种类的特征（热红外特征、几何特征和可见光特征）时，点云分类精度达到最高，立面 1 为 74% 完整性和 92% 正确性，立面 2 为 85% 完整性和 95% 正确性。此外，统计结果显示，融合热红外特征和可见光特征能够得到比融合热红外特征和几何特征更高的分类精度，立面 1 的完整性和正确性分别提高了 9%、8%。

图 5.9 对比了两组建筑物立面数据的点云分类结果。当仅采用热红外特征进行分类时，立面 2 的完整性比立面 1 的完整性高 20%，这是因为两组立面数据采用了不同的辐射定标方法。立面 1 采用商用软件 FLIR GEV 中的辐射定标方法，而立面 2 采用第 2 章提出的辐射定标方法，能够抑制外界温度变化导致的测量误

差，因此，立面 2 获取的热红外信息更均匀一致且准确，如图 5.8 所示。虽然两个立面数据的分类完整性存在明显差异，但两个立面数据的分类正确性大致相同。虽然商用辐射定标软件 FLIR GEV 容易忽视墙面与门窗之间的温度差异，进而导致大量门窗漏检，但是这种纹理映射情况并不会增加错误的门窗检测结果。

表 5.4　不同特征集对立面点云分类的精度评价　　　单位：%

特征集	立面 1		立面 2	
	完整性	正确性	完整性	正确性
热红外特征	46	73	66	73
热红外特征 + 几何特征	60	83	79	84
热红外特征 + 可见光特征	69	91	82	91
热红外特征 + 几何特征 + 可见光特征	74	92	85	95

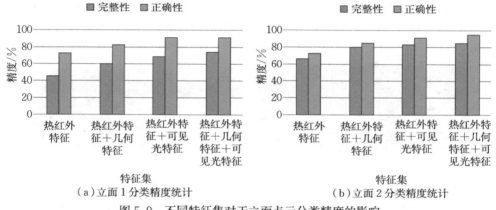

（a）立面 1 分类精度统计　　　（b）立面 2 分类精度统计

图 5.9　不同特征集对于立面点云分类精度的影响

图 5.10 给出了采用不同特征集取得的点云分类结果，其中，属于门窗的点被标记为红色，其他背景点被标记为蓝色。图 5.10(a) 表示仅采用热红外特征获得的点云分类结果，可以看出立面 2 的分类结果明显优于立面 1，这是因为本书提出的辐射定标方法能够获得更均匀一致且准确的温度场，确保门窗与墙面的温度差。图 5.10(b) 和图 5.10(c) 表示融合两种特征的点云分类结果，分别为融合热红外特征和几何特征、融合热红外特征和可见光特征。实验结果表明，利用协同效应融合两种不同的特征往往能够提高分类性能，且融合热红外特征和可见光特征的分类精度更高。图 5.10(d) 表示融合热红外特征、几何特征与可见光特征的点云分类结果，实验结果表明，融合所有特征能够显著降低错分比例，取得最优的逐点分类结果。对比图 5.10(b)、图 5.10(c) 和图 5.10(d) 可知，融合所有类型的特征能够显著降低建筑物屋顶上的错误分类点数目。

（a）热红外特征

（b）热红外特征和几何特征

（c）热红外特征和可见光特征

（d）热红外特征、几何特征和可见光特征

（e）参考标签

图 5.10　不同特征集的点云分类结果（左为立面 1，右为立面 2）

在最优逐点分类结果的基础上，将随机森林整合至条件随机场分类框架下，以降低椒盐效应，进一步提高点云分类精度。具体而言，将基于协同特征（热红外特征、几何特征和可见光特征）的随机森林后验概率作为一元势函数概率值，并利用条件随机场二元势函数引入空间上下文信息。二元势函数通过计算相邻点之间的边缘特征实现，实验数据中能够用于计算二元特征的数据基础包括立面 1 的 771 967 条训练边和 9 854 536 条测试边，立面 2 的 4 548 491 条训练边和 10 254 142 条测试边。为了提高点云分类精度，尽量平衡各个地物类别的训练样本与测试样本数量，通过随机采样将立面 1 数据中 4 种类别（门窗—门窗、门窗—墙面、墙面—门窗、墙面—墙面）的训练样本数量设置为 110 829，将立面 2 数据中 4 种类别（门窗—门窗、门窗—墙面、墙面—门窗、墙面—墙面）的训练样本数量设置为 122 857。

结合一元势函数和二元势函数给定的分类概率值，利用 LBP 算法获取最优的分类结果。为了评价建筑物立面的门窗提取精度，将算法提取结果与手动标注的参考标签进行逐点对比，并根据式（5.9）进行正确性和完整性精度评价。

为了便于与其他对象级分类方法进行对比，本节在实现逐点精度分析的基础上，增加了对象级精度评价方法。当一个分割门窗对象中 70% 以上的点位于手动标注边界框内时，该门窗可视为正阳性分割结果；当一个分割门窗对象中 50% 以上的点没有位于手动标注边界框内时，该门窗可视为假阳性分割结果；当一个手动标注边界框内没有对应的分割门窗或 50% 以上的点时，认为出现了一个假阴性分割结果。图 5.11 表示经过空间上下文信息平滑优化后的建筑物立面门窗分类结果，其中，算法检测到的三维门窗点被标记为绿色。表 5.5 给出了融合空间上下文信息的分类精度统计结果。

（a）建筑物立面 1 门窗提取结果　　　　　　（b）建筑物立面 2 门窗提取结果

图 5.11　融合空间上下文信息的建筑物立面门窗分类结果

表 5.5　融合空间上下文信息的分类精度统计结果

精度统计方法	数据集	正阳性/个	假阳性/个	假阴性/个	完整性/%	正确性/%
逐点分类精度评价	立面 1	183 841	17 254	41 128	82	91
	立面 2	260 447	13 693	29 815	90	95
对象级分类精度评价	立面 1	117	11	6	95	91
	立面 2	92	13	3	97	88

对比表 5.4 和表 5.5 可知,从逐点分类精度评价的角度看,基于条件随机场的空间上下文信息能够大幅提高基于随机森林的逐点分类结果的完整性;融合上下文信息后,立面 1 和立面 2 的分类完整性分别提高了 8% 和 5%,立面 1 的分类完整性从 74% 提高到 82%,立面 2 的分类完整性从 85% 提高到 90%。从对象级分类精度评价的角度看,融合上下文信息后,立面 1 和立面 2 的分类完整性分别提高了 21% 和 12%。这是因为空间上下文信息能够充分挖掘邻接点的语义信息,通过正确标注邻接点分类结果实现完整的对象级门窗提取。此外,空间上下文信息在提高完整性的同时,并没有大幅降低正确性,立面 2 的分类正确性保持在 95% 不变,而立面 1 的分类正确性从 92% 变为 91%。

分类精度的提高也体现在图 5.11 的分类结果中,提取门窗的形状轮廓更完整、精确。二元势函数重点提取了不同物体之间的边缘信息,通过引入空间上下文信息增强了门窗与背景墙面之间边缘提取的准确性,进而检测到清晰、完整的门窗轮廓,该检测结果为后续的建筑物要素轮廓提取和建筑物 LOD3 重建奠定了坚实的基础。

此外,由表 5.5 可知,一方面,对象级精度评价的完整性高于逐点精度评价,立面 1 的分类完整性分别为 95% 和 82%,立面 2 的分类完整性分别为 97% 和 90%。从对象级精度评价的角度看,几乎所有门窗对象都被成功地提取了,但是从逐点精度评价的角度看,有些属于门窗的三维点被错误地分为墙面。另一方面,对象级精度评价的正确性与逐点精度评价相当,立面 1 的分类正确性均为 91%,立面 2 的分类正确性分别为 88% 和 95%,说明墙面点被错误地分为门窗的情况较少。分析逐点分类结果可以发现,大多数的错误分类结果主要由小目标引起,这些目标的部分内点因椒盐效应被错误地分为其他地物类别,从而降低了逐点分类结果的完整性。但是当采用对象级分类方法进行精度评价时,分类结果被大幅平滑,几乎所有对象都能够被成功检测。

§5.4 本章小结

针对现有点云分类方法忽略热红外特征的问题,本章分别提出了一种非监督型窗户提取方法和一种监督型门窗提取方法,结论如下。

(1)在非监督型窗户提取方法中,首先利用多尺度超体素生成、区域生长和能量函数最小化实现点云分割,然后利用对象级窗户指数实现窗户的初始提取,最后利用阈值法和一系列优化方法实现窗户的精确提取。实验结果显示,在较为复杂的建筑物数据集上,该方法的完整性为 85%,正确性为 82%。

(2)在监督型门窗提取方法中,首先验证了点云的热红外特征、几何特征和可见光特征具有优势互补的效果,融合所有特征能够大幅提高三维点云的分类精度。然后利用条件随机场挖掘了点云的上下文信息，降低了逐点分类结果的椒盐效应，进一步提高了点云的分类精度。实验结果表明，相比非监督型分类方法，监督型分类方法能够取得更高的分类精度，其中，完整性为90%，正确性为95%。此外，热红外相机辐射定标结果也会影响点云的分类精度，主要体现在完整性上。

本章方法也存在一些不足，改进方向如下。

（1）针对非监督型窗户提取方法，使用的点云分割方法计算效率较低，仅对小尺度点云数据有效，难以处理大规模点云数据。此外，该方法假设建筑物立面上窗户的温度低于墙体的温度，其基本原理是利用玻璃镜面反射特性与墙面漫反射特性的差异，即当热红外相机从地面向高层窗户观察时，高层窗户反射无辐射源的寒冷天空，此时该假设成立。但是对于低层窗户，此假设是无效的。因为，低层窗户通常会反射附近的植被、行人等，呈现与墙面相似的温度。因此，窗户提取精度需要结合建筑物立面的语义信息和语法信息进行优化。

（2）针对监督型门窗提取方法，使用基于多尺度点特征的随机森林与条件随机场实现点云分类。然而，这些传统机器学习方法需要人工设计特征，算法的迁移性有限，难以满足复杂场景多目标识别的需求。研究表明，以 PointNet 为代表的深度学习方法有潜力实现海量点云的稳健特征提取与挖掘。此外，现有建筑物立面点云分类方法大多按照实例对象（如窗户、门）进行分类，鲜有针对建筑材料类型（如混凝土、金属、玻璃、木材）进行分类的研究。如何自动化识别建筑物点云中的不同材料，排除由不同材料辐射率差异引起的热裂缝误判，是精准识别建筑物热裂缝的关键。因此，未来的研究方向是利用深度学习方法实现基于建筑材料的端到端分类与识别。

（3）物体的动力学温度反演与点云分类密不可分。动力学温度是指真实的物体温度，而辐射温度是热红外影像测量的结果。只有当物体的辐射率已知时，动力学温度才能够通过辐射温度解算。一方面，建筑物热裂缝对应相邻建筑物区域内存在的显著动力学温度差异。对于大多数非镜面反射材料，动力学温度可根据热红外影像提供的辐射温度和材料辐射率计算获得。热红外影像提供了潜在的热裂缝信息（相邻空间内显著的辐射温度差异），但是潜在热裂缝识别结果中可能包含由不同材料辐射率差异引起的误判。另一方面，辐射率主要取决于建筑材料的类型，高精度的点云分类能够准确识别各建筑材料的类型，排除由材料辐射率差异引起的热裂缝误判。进一步来说，热红外属性信息能够显著提高点云的分类精度，准确的分类结果对于动力学温度解算和热裂缝识别至关重要。因此，动力学温度反演与点云分类是两个互相关联的研究方向，二者需要通过递归的方式实现迭代优化。

第6章　流体速度场测量

　　流体速度场测量对于研究流体流量或污染物传播时间等水文问题至关重要。传统的河流速度测量方法（如螺旋桨测速仪、声学设备）能够精确地测量流体的流速信息，但是每次布设只能获得单点速度信息，耗时耗力，难以快速地构建大范围流速场，而且测速仪器必须放置在水下，可能会阻碍或改变河流的原始流速和流向。因此，这些传统设备具有测量效率低、消耗时间长、人工成本高，以及只能在安全环境下测量等缺点。一种替代传统流速测量仪器的方案是研究基于影像特征追踪的方法，这是因为该方法不需要直接接触河流，同时能够提供连续的测速信息（Muste et al, 2008）。此外，相比单点测量结果，基于影像特征追踪的测量方法能够获得密集的流速场。因此，基于影像特征追踪的流速测量方法广泛地应用于地面近景流速测量（Tauro et al, 2017b）和无人机遥感流速测量（Perks et al, 2016; Tauro et al, 2016a）。

§6.1　基于影像特征追踪的流体测速研究现状

　　基于影像特征追踪的流体测速方法大致可以分为两大类，即粒子影像测速（particle image velocimetry, PIV）方法和粒子追踪测速（particle tracking velocimetry, PTV）方法。PIV 方法是一种欧拉测速方法，以每个影像子块为基本单元，通过匹配影像子块的纹理特征实现视场内流体的速度测量。PTV 方法属于拉格朗日测速方法，通过追踪探测粒子在视场范围内轨迹的变化实现流体速度测量。因此，PIV 方法可以提供基于影像子块的格网化追踪结果，而 PTV 方法能够得到所有探测粒子的运动轨迹。但无论是 PIV 方法还是 PTV 方法，基于影像特征追踪的方法均需要示踪剂才能实现流速测量。

6.1.1　示踪剂

　　示踪剂通常通过人工布设漂浮物的方式实现，现有研究中应用最广泛的示踪剂是不同颜色的染料（Zhang et al, 2010）和漂浮物颗粒（Kääb et al, 2011）。染料示踪剂的缺点是其对周围环境具有潜在的污染效应，漂浮物颗粒的主要问题是其受到黏性力和摩擦力的影响，漂浮物颗粒容易结块，不但影响河水的自然流动，而且漂浮物颗粒的形状变化也会导致影像匹配精度降低（Weitbrecht et al, 2002）。进一步来说，传统的影像特征追踪方法主要为可见光影像设计，而可见光影像极易受到不均匀光照或光照条件变化的影响导致测速精度降低，且无法实现夜间观测。

为了应对上述挑战，考虑热红外影像不受光照条件变化的影响，基于热红外影像的流体速度测量方法研究引起了学者的广泛关注。可见光影像主要依赖光照条件成像，而热红外影像主要依据物体表面的温度辐射成像，因此，热红外影像上的示踪剂主要由温度差产生。一种典型的热红外影像示踪剂是将夜间环境下海水表面温度与深层海水温度之间的差异作为信号源，该信号源主要由夜间环境下较大的空气—水面温度差异引起，通过热量传递形成（Jessup et al, 2005）。在此基础上，Veron 等（2008）将该温度差异作为信号源，描述海洋表面的波浪变化。Puleo 等（2012）和 Legleiter 等（2017）利用该信号源实现了大型溪流的流速测量。Chickadel 等（2011）和 Brumer 等（2016）同样利用混合湍流的温度差实现了大型河流的物理参数反演和解算（如湍流动能）。

对于小型溪流，夜间环境下水体表面与深层水体之间的温度差异不足，无法为特征追踪提供足够的影像对比度，因此，需要添加额外的热源信号为热红外影像特征追踪提供支持。Jessup 等（2005）使用表面活性材料增强热源示踪剂的效果，大幅提高了热红外影像的对比度和特征追踪精度。Schuetz 等（2012）将注入的热水作为热红外影像的示踪剂，用于描述实验湿地区域地表径流的空间分布。de Lima 等（2015）以加热的染料为示踪剂，利用边缘估计方法测量地面潮湿区域、小溪流体区域的流速。上述研究大多采用注入热源示踪剂（热水或热染料）的方式形成可追踪的纹理特征，也有学者探讨了利用冷源示踪剂实现流速测量的方法，Tauro 等（2017a）将冰块作为示踪剂，并使用基于互相关的 PTV 方法实现了溪流流速的监测。

6.1.2 追踪方法

除了示踪剂外，针对不同应用，如何选择合适的特征追踪方法也需要深入思考。传统的 PIV 方法和 PTV 方法主要使用互相关方法及其变体。

通过分析序列影像各个子区域内粒子流的变化，PIV 方法被广泛应用于流体的速度场测量（Adrian, 2005）。PIV 方法的整体工作流程为：①将整幅影像分割成若干个正方形子区域，同时令每个子区域作为一个计算单元；②利用特征追踪算法获取粒子流在相邻影像上的位移，除以相邻影像之间的时间间隔，即可计算得到各个子区域的速度向量；③将速度向量赋予子区域的中心。因此，PIV 方法主要追踪影像子区域内纹理图案的变化，而非子区域内探测粒子的变化。PIV 方法通常要求具有密集的影像纹理才能保证流速计算的准确性，当示踪剂的对比度较差或密度较低时，PIV 方法很可能会提供错误的特征追踪结果（如静止不变或与流速方向相反的速度测量结果）。

与 PIV 方法主要分析影像子区域内纹理变化不同，PTV 方法通过分析探测粒子流的运动轨迹计算河流流速，可用于示踪剂密度较低的情况，但是 PTV 方法通常要求示踪剂在流动的过程中具有固定不变的形状和密度。与 PIV 方法相比，

PTV 方法能够应对各种环境条件的变化，因此，具有较强的鲁棒性（Tauro et al，2016b）。但是在特征追踪前，PTV 方法需要检测潜在的追踪粒子集。传统的粒子检测方法主要通过两步实现：首先，利用关注区域（region of interest，ROI）确定追踪粒子所在的大致区域范围；然后，在关注区域范围内利用高斯模板检测追踪粒子的精确位置（Ohmi et al，2000）。

　　在河流测速领域，互相关方法及其变体是常用的特征追踪方法。Veron 等（2008）利用归一化互相关方法实现特征追踪。Brumer 等（2016）利用空间域内的直接互相关方法计算流体表面的速度场。Chickadel 等（2011）、Puleo 等（2012）和 Legleiter 等（2017）利用基于傅里叶变换的频率域互相关方法追踪具有相似温度纹理的邻接影像特征。此外，也有学者利用边缘估计方法计算整个视场范围内的平均流速，该方法通过手动估计示踪剂在指定区域内流动的时间间隔实现（de Lima et al，2015）。因此，现有的热红外影像测速方法只能获取稀疏的流速场或估算整个视场的平均流速。

　　除了互相关方法，在热红外影像流体测速领域，其他特征追踪方法也有待验证。卢卡斯–卡纳德（Lucas-Kanade，LK）方法是一种基于光流追踪的特征匹配方法，能够实现子像素级的高精度特征追踪。目前，LK 方法已经被成功地应用于冰川运动估计（Vogel et al，2012）、基于无人机的山洪观测（Perks et al，2016）、基于光学影像的流速测量（Tauro et al，2018）等领域，但是鲜有在热红外影像测速领域的应用。

　　综上所述，现有研究主要针对可见光影像设计，且主要采用基于互相关的特征追踪方法。本章以实验室流体、森林溪流为研究对象，以注入的热水为热源示踪剂，通过追踪冷热水混合形成的纹理实现基于热红外影像的流速测量，主要研究目标包括：①验证基于注入热源的热红外影像流体测速方法能否适应不同的实验环境（如流体实验室、森林溪流）；②对比 LK 方法与传统互相关算法（如 PIVlab 方法❶、PTVlab 方法❷）在热红外影像测速领域的优劣。在已有的研究成果中，Tauro 等（2017b）在可见光影像序列上对比了 PIVlab 方法与 PTVlab 方法的测速精度，发现相比 PTVlab 方法，PIVlab 方法大幅低估了流体的真实流速。

§6.2　实验数据获取

　　本节以注入的热水为额外热源，以实验室流体和自然森林溪流为研究对象获取流体的热红外影像数据集。实验室流体速度场呈现恒定的均匀分布，测速难度较小；而自然森林溪流的速度场更加复杂，呈现非均匀分布，测速难度较大。本节

---

❶　PIVlab 方法指利用 MATLAB 中 PIVlab 工具箱实现的基于互相关的 PIV 方法。

❷　PTVlab 方法指利用 MATLAB 中 PTVlab 工具箱实现的基于互相关的 PTV 方法。

共采集了 11 组热红外影像序列进行流体的速度场测量,在每组实验中,将 0.4 L 的热水作为额外热源,加入热红外相机观测视场的上游,利用非制冷型热红外相机 FLIR A65 获取热红外影像序列。考虑 FLIR A65 相机的焦距为 13 mm,像元尺寸为 17 μm,当相机置于流体正上方 1 m 并采用垂直向下的观测视角时,该相机对应流体的 0.9 m×0.7 m 实测区域。

6.2.1　流体实验室数据

实验室数据获取自德累斯顿工业大学流体实验室,该实验室利用一个可调坡度的倾斜水槽控制实验室流体的流速变化,倾斜水槽的尺寸为 10 m×0.3 m×0.4 m(长×宽×高),整个水槽由具有光滑表面的玻璃制成。在数据获取的过程中,将热红外相机放置于水槽正上方,用于捕获流体的热红外影像序列,实验室的测量设备布设情况如图 6.1 所示。热红外相机的主光轴与水面垂直,用于最大化热红外影像上的纹理细节,进而实现高精度的特征追踪,如图 6.1(a)所示。为了将二维影像追踪结果(像素/秒)转换至三维物理空间(米/秒),将四个地面控制点放置于相机视场范围内的四角边缘($t_1 \sim t_4$)。图中的红色方框代表关注区域,用于追踪流体的轨迹。四个地面控制点的三维地面坐标利用基于相机自检校的光束法区域网平差和运动结构恢复技术实现解算(Eltner et al,2017),该方法计算得到的三维地面控制点坐标精度优于厘米级。

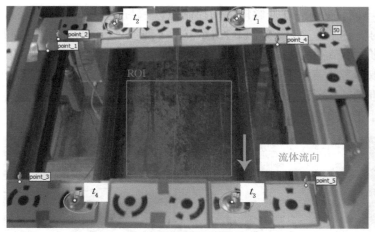

(a)流速场测量区域示意　　　　　　　　　　(b)相机布设

图 6.1　流体实验室流速场设置

在流体实验室条件下,共获取了 9 组热红外影像序列,为了对比测速方法在不同流速下的测量精度,将倾斜水槽设置为 3 种不同的坡度,从而获得了 3 组不同流速的流体实验。对于高、中、低 3 种流速,每种流速分别进行了 3 组重复实验。

在实验过程中，将流体的流量设为固定值，并且能够通过磁感应流量计对流体流量进行精确监控。流体实验室的相机设备布设如图 6.1（b）所示，9 组实验室数据的参考测量结果如表 6.1 所示。流体实验室的流量测量值误差在 0.1 L/s 以内，因此，所有影像序列的平均流速标准差均小于 0.005 m/s。

表 6.1　流体实验室数据参考测量结果

影像序列号	水槽坡度/%	流体流量/（L/s）	水面高度/cm	平均流速/（m/s）
1～3	0.20	13.10	18.3	0.235
4～6	0.50	13.23	12.5	0.347
7～9	0.05	13.03	20.8	0.205

6.2.2　森林溪流数据

森林溪流数据是在德国萨克森州塔兰特森林内一条溪流区域获取的（Eltner et al, 2018）。该溪流区域的高程范围为 355～390 m，流域面积约为 4.6 km^2，流域年平均流量和年平均降水量分别为 0.034 m^3/s 和 853 mm。该溪流区域的河道宽度约为 0.5 m，水深范围为 6～8 cm。

将热红外相机架设在水面正上方，其主光轴与水面垂直，四个地面控制点 S_1～S_4 安置在图 6.2（a）所示的位置，图中的红色方框代表关注区域，绿色箭头代表流体的主要流向。四个地面控制点区域由中间镶嵌金属钉的正方形纸板制成，不同材料的辐射率不同，使得热红外影像上的控制点区域与背景区域（如水、石头）具有完全不同的辐射亮度，如图 6.2（b）所示。为了便于对热红外影像速度测量方法进行精度评价，本节利用螺旋桨测速仪在多个不同的检查点（M_2、M_3、M_4、M_7、M_8）位置处获取参考流速值。其中，每个检查点的流速值重复测量 3 次，取 3 次测量结果的平均值作为参考流速，参考测量结果如表 6.2 所示，所有检查点的流速测量标准差均小于 0.015 m/s。

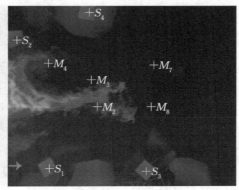

（a）流速场测量区域示意　　　　　（b）ROI 的热红外影像

图 6.2　森林溪流流速场设置

表 6.2　森林溪流数据参考测量结果　　　　　　　单位：m/s

森林溪流测量结果	M_2	M_3	M_4	M_7	M_8
参考流速	0.240	0.130	0.210	0.100	0.220
流速标准差	0.004	0.014	0.002	0.003	0.005

§6.3　密集流速场测量

在流体实验室和自然溪流的实验环境下，以热水为额外热源，提出了一种全自动的热红外影像流体测速方法。该方法的主要流程包括：①影像增强，通过辐射定标移除热红外影像的渐晕效应，提高影像对比度；②特征提取，自动检测具有高可追踪性的局部热点和地面控制点；③特征追踪，对比不同影像特征追踪方法的流速测量精度，主要测速方法包括基于影像金字塔的 LK 方法、互相关方法及其变种；④时空滤波，滤除错误的特征追踪结果，提高速度测量精度。

6.3.1　影像增强

由于影像对比度增强能够显著提高示踪剂的对比度和特征匹配的精度，因此，影像增强被广泛地作为预处理方法，用于提高追踪特征的匹配精度。传统的可见光影像对比度增强方法包括伽马校正（Huang et al，2012）、顶帽变换（Shavit et al，2007）、直方图均衡化（Dellenback et al，2000）。非制冷型热红外相机的成像机理和特点与可见光相机不同，主要受到时间非一致性和空间非一致性的影响，原始热红外影像极易出现渐晕效应。为了消除非一致性噪声的影响，提高热红外影像的对比度，使用第 2 章提出的非快门辐射定标方法消除影像的渐晕效应，提高对比度。该方法的主要流程为：①利用时间非一致性校正消除由传感器温度快速变化导致的辐射漂移误差；②利用多点校正方法去除由相机制造工艺差异引起的空间非一致性（如渐晕效应）；③利用普朗克曲线反演物体的表面温度信息。

图 6.3 展示了流体实验室影像和森林溪流实验影像的辐射定标结果，其中，绿色箭头代表流体的流向。经过辐射定标后，原始热红外影像中的渐晕效应得到了有效的抑制，影像对比度显著提高。由图 6.3（c）和图 6.3（f）可知，在流体实验室和森林溪流实验环境下，额外加入的热水温度高于原始流体温度 6～10 ℃，该温度差异能够保证追踪特征的高精度匹配。

除了辐射定标外，几何定标能够保证高精度的相机内部定向，在进行流体测速实验前，使用第 3 章提出的近景几何定标方法解算高精度的相机内方位元素。

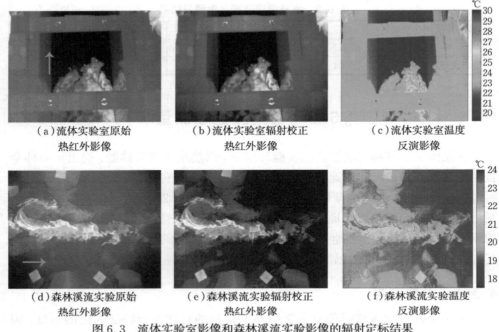

（a）流体实验室原始
热红外影像

（b）流体实验室辐射校正
热红外影像

（c）流体实验室温度
反演影像

（d）森林溪流实验原始
热红外影像

（e）森林溪流实验辐射校正
热红外影像

（f）森林溪流实验温度
反演影像

图 6.3　流体实验室影像和森林溪流实验影像的辐射定标结果

6.3.2　特征提取

影像特征追踪方法可分为 PIV 方法和 PTV 方法。PIV 方法专注于追踪影像子区域内纹理结构的整体变化，而 PTV 方法倾向于追踪检测到的粒子流的轨迹。因此，对于 PTV 方法，在进行实际特征追踪前，需要进行追踪特征的提取。不同于漂浮在水面上的传统可见光影像固体示踪剂（如碎片、木屑），热红外影像将额外添加的热水作为示踪剂，基本原理是：通过冷热水混合得到用于特征追踪的影像纹理，并将冷热水混合纹理中的局部热点（即局部区域的灰度最大值）作为追踪种子点，为实现密集的流速场测量奠定基础。

为了提取追踪特征，一种常用的特征检测方法是使用高斯掩模来检测具有圆形形状的粒子。该方法被广泛地应用于 PTVlab 工具箱（Brevis et al, 2011），其基本流程为：①通过人工交互标注的方法在影像上选择关注区域；②设置圆形匹配模板的亮度阈值和方差阈值，并利用互相关方法在关注区域内提取追踪特征点。该方法只能提取追踪特征点，无法检测地面控制点。为了克服这一弊端，本节提出了一种能够同时提取追踪特征点和地面控制点的非监督型特征提取方法，其工作流程如图 6.4 所示。

地面控制点主要用于将影像上的流速测量结果（像素/秒）转换到三维真实世界的流速测量结果（米/秒）。现有地面控制点提取方法主要采用手动选取控制点的方式,当相机位置稳定不变时,只需要在一幅影像上确定控制点位置即可,但是当相机在采集流体数据的过程中发生移位时,就需要在成百上千幅影像上手动选择控制点,这无疑是费时费力的。因此,本节提出了一种面向对象的非监督型特征提取方法,能够在每一帧影像上重复检测四个地面控制点的位置。考虑地面控制点的位置不变,通过对比影像序列上控制点位置的变化就能够确定相机的位移,进而精确计算河水的流速。

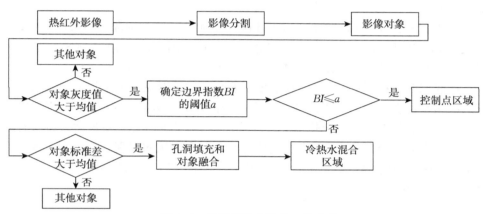

图 6.4　特征提取方法的工作流程

本节采用的特征提取方法主要包括三个步骤:影像分割、关注区域提取、特征(追踪特征和地面控制点)检测。

1)影像分割

本节利用多尺度分割方法提取影像对象(Benz et al, 2004)。该方法能够最大化影像对象内的灰度同质性,同时保留不同对象之间的灰度异质性,影像分割结果如图 6.5(a)所示。

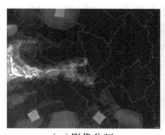
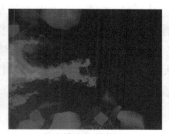
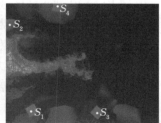

（a）影像分割　　　　（b）关注区域提取　　　　（c）追踪特征和地面控制点检测

图 6.5　特征提取结果

2)关注区域提取

基于影像分割结果,考虑关注区域(如控制点区域、冷热水混合区域)比背景区域(如原始溪流区域、石头区域)更亮,因此,先将灰度值大于平均值的影像对象作为候选对象。然后,对于控制点区域,考虑四个控制点区域的形状呈现近似矩形,使用边界指数(border index,BI)特征从候选影像对象中提取控制点区域。公式为

$$BI = \frac{b_v}{2(l_v + w_v)} \tag{6.1}$$

式中,b_v 表示对象 v 的边界周长,l_v 表示对象 v 的最小外接矩形长边的长,w_v 表示对象 v 的最小外接矩形短边的长。

　　BI 特征描述了影像对象的平滑度和矩形相似度。影像对象与矩形越相似,其 BI 特征值就越低,该对象就越可能是控制点区域。因此,只需要从所有候选对象中挑选出 BI 特征值最小的四个对象,即可实现控制点区域的自动提取。

　　提取完四个控制点区域后,还需要从剩余的候选对象区域中提取包含追踪特征的冷热水混合区域。考虑冷热水混合区域内的亮度方差较大,因此,将亮度标准差大于均值的对象作为冷热水混合区域,并通过孔洞填充和对象融合将所有的冷热水混合区域合并为一个区域,完成冷热水混合区域的识别。控制点区域和冷热水混合区域的提取结果如图 6.5(b)所示。其中,蓝色代表控制点区域,红色代表冷热水混合区域。

　　3)特征检测

　　地面控制点在影像上表现为特征角点,且它们均位于控制点区域的几何中心。因此,使用 Shi-Tomasi 算法(Shi,1994)在控制点区域内逐像素搜索最强的角点特征,将其作为初始位置。然后,使用基于梯度下降的迭代搜索方法优化控制点的位置,将控制点位置精度提高至子像素级。

　　将冷热水混合区域中的局部热点作为追踪特征,原因是局部热点具有较高的梯度和丰富的影像纹理结构,能够最大限度地减少因影像纹理丢失造成的误匹配现象。在冷热水混合区域的内部,局部热点像素需要同时满足两个条件:①该像素灰度值是 10 行 10 列邻域区域的局部极大值;②该像素的灰度值高于冷热水混合区域的平均灰度值。4 个地面控制点和局部热点(追踪特征)检测结果如图 6.5(c)所示。

　　随着时间的流逝,冷热水混合形成的影像纹理会快速消散,影像对比度的降低会导致影像的匹配精度大幅下降,因此,需要每隔几幅影像就检测一些新的局部热点特征,本节每隔 10 幅影像对热点特征进行更新。

6.3.3　特征追踪

　　本节将重点介绍三种不同的特征追踪方法,即 PIVlab 方法、PTVlab 方法和 LK 方法。其中,PIVlab 方法和 PTVlab 方法采用开源的 MATLAB PIVlab 工具箱、PTVlab 工具箱实现(Brevis et al,2011;Thielicke et al,2014),而 LK 方法的实现源自 OpenCV 库(Bouguet,2001)。

1. PIVlab 方法

传统的影像流速测量方法主要采用基于互相关的影像特征追踪方法（如 PIVlab 方法、PTVlab 方法），通过寻找具有最高互相关系数的像素对完成高精度的影像匹配。互相关系数计算公式为

$$R = \frac{\sum\limits_{x=-w_x}^{w_x} \sum\limits_{y=-w_y}^{w_y} (I(x,y) - \bar{I})(J(x,y) - \bar{J})}{\sigma_I \sigma_J} \qquad (6.2)$$

式中，I 表示参考影像，J 表示搜索影像，w_x 和 w_y 表示搜索窗口的长和宽，$\bar{I}$ 和 $\bar{J}$ 表示参考影像块和搜索影像块的灰度均值，σ_I 和 σ_J 表示参考影像块和搜索影像块的灰度标准差，R 表示互相关系数。

PIVlab 方法通过分析参考影像上影像子块与搜索影像上影像子块的纹理相似度获取追踪特征的位移信息，即将具有最大互相关系数的搜索影像窗口作为参考影像窗口的最优匹配结果，然后用追踪特征的位移除以相邻两帧影像的拍摄时间间隔即可计算该特征的流速。每个追踪特征的流速计算结果通常赋值给对应影像窗口的中心，因此，影像的流速场密度取决于影像窗口的大小，影像窗口越大，流速场密度越小，追踪结果越稀疏；影像窗口越小，流速场密度越大，追踪结果越稠密。

PIVlab 工具箱提供了两种基于互相关的 PIV 方法，即空间域直接互相关（direct cross-correlation, DCC）方法和基于离散傅里叶变换的互相关（discrete Fourier transform, DFT）方法。两者的主要区别是 DCC 方法直接在空间域计算互相关系数，而 DFT 方法利用离散傅里叶变换在频率域计算互相关系数。DCC 方法的优势是能够在低背景噪声的情况下提供更精确的影像匹配结果，但是当搜索影像的窗口较大时，计算时间长、效率低。与 DCC 方法相比，DFT 方法采用频率域互相关的计算方法，能够取得更高的计算效率（Thielicke et al, 2014）。

2. PTVlab 方法

PTVlab 方法通过追踪序列影像上粒子流的轨迹获取流体的速度场。因此，PTV 方法通常需要两步实现，即粒子流特征提取和粒子流特征追踪。粒子流特征提取可以通过 6.3.2 节中的局部热点特征检测实现，而粒子流特征追踪可利用互相关等方法实现。

PTVlab 工具箱提供了两种基于互相关的 PTV 方法，即互相关（cross-correlation, CC）方法和松弛互相关（cross-correlation plus relaxation, CCR）方法。其中，CCR 方法主要用于移除由流速突变或非均匀采样导致的误匹配，提高流速解算的准确性。由于本节以冷热水混合纹理中的局部热点为追踪对象，缺乏真实的流体粒子，因此，将重点对比 CC 方法和 CCR 方法在局部热点特征追踪领域的效果。

3. LK 方法

与互相关方法不同，LK 方法通过寻找像素块内具有最小灰度平方差的像素

完成影像匹配（Lucas et al, 1981），计算公式为

$$\left.\begin{aligned}
\varepsilon &= \sum_{x=-w_x}^{w_x} \sum_{y=-w_y}^{w_y} \left[I(\boldsymbol{x}) - J(\boldsymbol{A}\boldsymbol{x}+\boldsymbol{d}) \right]^2 \\
\boldsymbol{A} &= \begin{bmatrix} 1+d_{xx} & d_{xy} \\ d_{yx} & 1+d_{yy} \end{bmatrix} \\
\boldsymbol{d} &= \begin{bmatrix} d_x & d_y \end{bmatrix}^{\mathrm{T}} \\
\boldsymbol{x} &= \begin{bmatrix} x & y \end{bmatrix}^{\mathrm{T}}
\end{aligned}\right\} \qquad (6.3)$$

式中，I 表示参考影像，J 表示搜索影像，w_x、w_y 分别表示搜索窗口的长和宽，$\boldsymbol{A}$ 表示仿射变换矩阵，$\boldsymbol{d}$ 表示像素 $\boldsymbol{x}$ 处的流速测量值，ε 表示匹配影像块的灰度平方残差，d_{xx} 和 d_{yy} 用于描述序列影像之间的尺度变换，d_{xy} 和 d_{yx} 用于描述序列影像之间的旋转变换和剪切变换。

当影像匹配残差达到最小时，参考影像与搜索影像完成影像匹配。需要说明的是，本节利用 LK 方法追踪局部热点粒子流的轨迹，而非影像子块的纹理变化，因此属于 PTV 方法。

LK 方法通过 6 个参数来描述序列影像之间的精细仿射变换。本节使用基于金字塔的 LK 方法实现基于局部热点的特征追踪（Bouguet, 2001）。金字塔影像构建的过程主要包括低通滤波和影像下采样。低通滤波主要用于对原始影像进行平滑处理，完成影像降噪等功能；影像下采样主要实现对同一视场的多分辨率表达。通过多次重复使用低通滤波和影像下采样即可实现对同一视场从粗糙到详细的影像描述，构建多层影像金字塔。影像特征追踪遵循从粗到精的计算方法，首先在最低分辨率的影像上利用 LK 方法进行特征追踪，然后将第一级影像追踪结果传递至下一级更高分辨率的影像，并作为追踪初值，重复执行上述流程，直至最高分辨率的原始影像。

综上所述，PIVlab 方法和 PTVlab 方法依赖的假设是影像特征在追踪过程中没有发生明显的形状变化，但是本节使用的影像纹理特征由冷水与热水混合而成，该纹理特征会随着河水的流动发生显著变化，即局部热点特征会随着河水的流动发生旋转、剪切等变换。因此，针对基于额外热源的热红外影像流体测速问题，将重点对比传统互相关特征追踪方法与 LK 方法的优劣。为了在相同的实验条件下对比 LK 方法、PIVlab 方法与 PTVlab 方法的优劣，本章将它们的搜索窗口大小统一设置为 32×32，并利用高斯拟合实现子像素精度的影像特征匹配，LK 方法的金字塔层数设置为 3。

6.3.4　时空滤波后处理

基于影像特征匹配的流速场构建方法在计算的过程中不可避免地会产生错误的匹配结果，因此，需要利用时空滤波方法剔除影像匹配的异常值，提高流体流速

的计算精度（Schrijer et al, 2008）。常用的时空滤波方法采用均值滤波实现噪声剔除，其上下限速度阈值为

$$\left.\begin{array}{l} v_u = \bar{u} + n \cdot \sigma_u \\ v_l = \bar{u} - n \cdot \sigma_u \end{array}\right\} \tag{6.4}$$

式中，v_u 表示上限速度阈值；v_l 表示下限速度阈值；$\bar{u}$ 表示平均流速；σ_u 表示流速方差；n 表示用于控制 sigma 法则的标准差范围，一般设置为 3。

在空间域和时间域同时应用该均值滤波。在空间域滤波中，针对每个像素的位置，利用给定像素点周围的邻域追踪特征集滤除离群值，即过大、过小或反方向的异常速度计算结果；在时间域滤波中，将同一像素的多帧影像平均速度值作为参考值，利用式（6.4）移除异常帧的速度计算结果。空间域离群值表现为相邻空间位置上的速度计算结果差异过大，主要由错误的特征匹配导致；而时间域离群值表现为整帧影像上所有特征点的速度解算结果均偏大或偏小，主要原因是该帧影像的记录时间与实际时间不一致。

非制冷型热红外相机的时间记录系统精度有限、鲁棒性较差，特别是当相机使用最高的影像采集帧频时（如 FLIR A65 相机的最高帧频为 30 Hz），异常帧的比例会显著升高。因此，假设河流中每点的流速在数据获取过程中保持不变，首先利用空间域均值滤波移除过大、过小或反方向的异常速度计算结果，然后利用时间域均值滤波删除由记录时间过长或过短导致的异常帧速度计算结果。

经过时空滤波后，速度场解算结果仍然是基于影像的测量值（像素/秒）。为了将其转换成真实场景的速度测量值（米/秒），首先利用四个地面控制点的物像坐标和空间后方交会解算相机的外方位元素，然后在假设水面水平的条件下，利用共线条件方程将影像序列上的特征追踪结果转化为真实场景的地面速度测量值。

§6.4　实验结果对比与分析

每个热红外影像序列均包含多幅影像，为了准确计算某像素的流速值，以该像素为中心，利用 10×10 窗口内的反向距离加权平均计算该像素在单帧影像上的速度测量值，再计算该像素在影像序列上所有影像的流速均值，将其作为最终结果。

本节利用均值、偏差、标准差、计数值四个统计指标评估不同特征追踪方法的精度。其中，均值表示某像素在整个影像序列上的平均速度值；偏差表示均值相对于参考标准流速值的有符号距离值；标准差表示某像素在整个影像序列上的速度变化幅度，能够反映特征追踪方法的稳定性；计数值表示经过时空滤波后有效的特征追踪数量。均值越接近参考值、偏差越小，代表该方法的解算精度越高；标

准差越小，代表该方法的鲁棒性越强；计数值越高，代表该方法对于冷热水混合纹理特征的鲁棒性越强。

6.4.1 流体实验室实验结果

在流体实验室环境下，共获取了 9 组热红外影像序列，用于对比 LK 方法、PIVlab 方法和 PTVlab 方法的精度。以影像序列 1 为例，利用 LK 方法解算的流速场统计结果如图 6.6 所示。从整个影像序列的流速场均值统计结果可以看出，流体实验室环境下各个位置的流速呈现均匀分布，与实验的预期结果一致。这是因为将整个流体放置在表面光滑的水槽内，通过控制流量使得水槽内从左至右各个位置上的流速相当。将表 6.1 中的平均流速作为参考值，该速度通过预设的流体流量除以水槽的横截面积获得，用于表征流体的平均流速。考虑流体表面的流速一般高于深层流体的流速，从理论上讲，该流速参考值应低于基于影像特征追踪的流速测量结果，这是因为基于影像特征追踪的流速测量方法只能评估流体表面的流速。针对这一现象，本节使用正向偏差而非无符号的绝对偏差来评估流体实验室的实验结果。

（a）第 20 幅影像的流速场示例

（b）影像序列 1 的流速场均值统计

（c）影像序列 1 的流速场标准差统计

（d）影像序列 1 的流速场计数值统计

图 6.6　利用 LK 方法在流体实验室影像序列 1 上解算的流速场统计结果

在流体实验室环境下，由于水槽内的流体呈现匀速分布，故最优的影像特征追踪方法能够提供最小的正偏差、最小的标准差和最大的计数值。为了对比不同特征追踪方法的精度，绘制了图 6.7 所示的箱形图，对比 LK 方法、PIVlab 方法（包括 DCC 方法、DFT 方法）和 PTVlab 方法（包括 CC 方法、CCR 方法）在 9 组流体实验室影像序列上的流速测量精度。图 6.7 中不同颜色对应不同的特征追踪方法，在每个箱形内，中间的标记表示中位数，箱形的底部和顶部边缘分别表示第 25 个和第 75 个百分位，虚线延伸至最极端的数据点，黑色短水平线对应参考流速值。

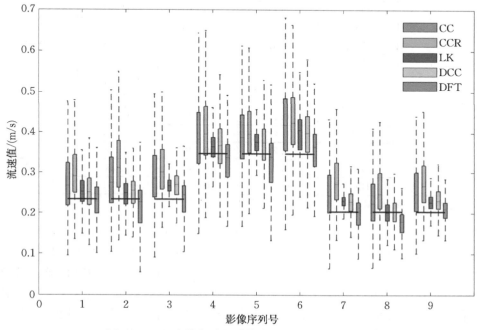

图 6.7 9 组流体实验室影像序列的流速测量箱形图

在流体实验室实验中，通过设置 3 种不同的水槽坡度和流体流量值，将 9 组热红外影像序列划分为 3 组实验。每组实验对应统一的参考流体流速，即影像序列 1～3、4～6、7～9 分别对应 3 种不同的流速，目的是通过多组实验对比 LK 方法、PIVlab 方法和 PTVlab 方法的测速精度，实验精度统计结果如表 6.3 所示。

由表 6.3 可知，与 LK 方法和 PIVlab 方法相比，PTVlab 方法（CC 方法、CCR 方法）计算得到的速度值最大，且偏离参考流速值最多，CC 方法和 CCR 方法的平均偏差分别为 0.049 m/s 和 0.072 m/s。PIVlab 工具箱中的 DFT 方法计算得到的速度值最小，相比参考流速值，DFT 方法严重低估了流体的流速值，DFT 方法的平均偏差为 −0.016 m/s。LK 方法与 PIVlab 工具箱中的 DCC 方法的计算结果比较接近，其中，LK 方法的平均偏差为 0.015 m/s，而 DCC 方法的平均偏差为 0.020 m/s。与参考流速值相比，LK 方法的正偏差最小，影像序列 1～3、4～6、7～9 的偏差分别为 0.017 m/s、0.019 m/s、0.010 m/s。

表 6.3　流体实验室实验精度统计结果

影像序列号	方法	均值 /(m/s)	偏差 /(m/s)	标准差 /(m/s)	计数值
1~3	CC	0.284	0.049	0.083	43 088
	CCR	0.313	0.078	0.081	21 316
	LK	0.252	**0.017**	**0.049**	**67 786**
	DCC	0.255	0.020	0.059	19 583
	DFT	0.225	−0.010	0.083	21 088
4~6	CC	0.403	0.056	0.096	31 464
	CCR	0.414	0.067	0.088	24 965
	LK	0.366	**0.019**	**0.073**	**34 766**
	DCC	0.370	0.023	0.087	16 258
	DFT	0.325	−0.022	0.105	17 254
7~9	CC	0.248	0.043	0.075	73 027
	CCR	0.275	0.070	0.074	38 383
	LK	0.215	**0.010**	**0.037**	**118 331**
	DCC	0.221	0.016	0.050	32 402
	DFT	0.188	−0.017	0.051	33 112

注：表中最小正偏差、最小标准差和最大计数值加粗表示。

在鲁棒性方面，LK 方法的标准差最小，平均标准差为 0.053 m/s，是所有测速方法中最稳健的。DCC 方法的标准差小于 CC 方法、CCR 方法和 DFT 方法，因此 DCC 方法是第二稳健的。由于 LK 方法能够给出最大的计数值，影像序列 1~3、4~6、7~9 的计数值分别为 67 786、34 766、118 331，因此 LK 方法能够构建最为密集的二维流速场（计数值主要反映流速场的密度）。需要说明的是，这里的计数值统计的是经过时空滤波后的特征追踪结果，该结果不仅取决于追踪结果的数量，还与追踪结果的质量密切相关。换句话说，PIVlab 方法和 PTVlab 方法流速场密度较低的原因是追踪结果中含有大量反向、过大或过小的错误追踪结果，经过时空滤波，大部分错误的追踪结果被滤除，因此流速场密度也相应地降低。

6.4.2　森林溪流实验结果

在森林溪流实验中，利用 2 组热红外影像序列和 5 个检查点对比 LK 方法、PIVlab 方法和 PTVlab 方法的精度。图 6.8 给出了 LK 方法在森林溪流影像序列 1 上获取的速度测量统计结果。从整个影像序列的流速场均值统计结果可以看出，相比均匀分布的流体实验室流速场，森林溪流区域的流速场呈现非均匀分布。这是因为森林溪流区域的河道主要由石头构成，河道表面较为粗糙，在水流流动的过程中容易受到石头的干扰和阻挡，导致流体不同位置呈现不同的流速和流向，该流速场测量结果符合自然溪流的实际特征。

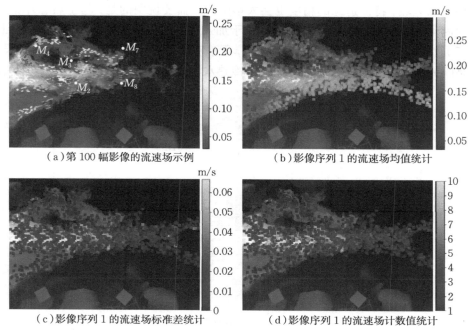

（a）第100幅影像的流速场示例　　　　　　　（b）影像序列1的流速场均值统计

（c）影像序列1的流速场标准差统计　　　　　（d）影像序列1的流速场计数值统计

图 6.8　利用 LK 方法在森林溪流影像序列 1 上解算的流速场统计结果

　　为了对比不同特征追踪方法的测速精度，利用螺旋桨测速仪获取 5 个检查点位置（M_2、M_3、M_4、M_7、M_8）的流速值，将其作为参考值。考虑基于影像的测速方法只能测量水体表面的流速值，因此将螺旋桨测速仪放置在尽量靠近水面的位置（距离水面约 2 cm），从而提供精确的水体表面的速度信息，并使用相对于参考测量值的绝对偏差进行精度评价。在此背景下，最优的影像追踪测速方法能够提供最小的绝对偏差、最小的标准差和最大的计数值。

　　为了对比不同特征追踪方法的精度，绘制了如图 6.9 所示的箱形图，对比 LK方法、PIVlab 方法（包括 DCC 方法、DFT 方法）和 PTVlab 方法（包括 CC 方法、CCR 方法）在 2 组森林溪流影像序列和 5 个检查点位置上的流速测量精度。图 6.9中不同颜色对应不同的特征追踪方法，在每个箱形内，中间的标记表示中位数，箱形的底部和顶部边缘分别表示第 25 个和第 75 个百分位，虚线延伸至最极端的数据点，黑色短水平线对应参考流速值。

　　合并 2 组影像序列的速度测量结果进行精度统计分析，以速度测量均值、绝对偏差、标准差和计数值为评价指标，精度分析统计如表 6.4 所示。

　　由表 6.4 可知，在森林溪流实验中，检查点 M_2、M_4、M_8 处的计数值较高，这是因为这三个检查点周围有足够的冷热水混合纹理通过，存在密集的可追踪特征。但是检查点 M_3 和 M_7 处的特征追踪结果较为稀疏，在这些冷热水混合纹理较为稀疏的区域，特征追踪的精度也会大幅降低。需要说明的是，基于热红外影像流速测量方法的精度在很大程度上取决于加入热水的位置和体积（de Lima et al，2015）。例如，在森林溪流影像序列 2 中，无法获取检查点 M_7 处的速度测量结果，这是因为倒入热水的位置距离 M_7 过远，冷热水混合纹理在流经 M_7 处时已经消失。

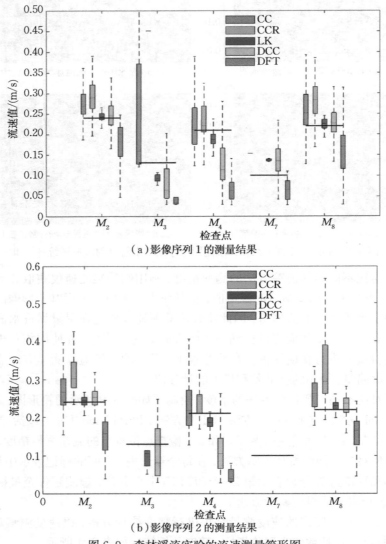

（a）影像序列 1 的测量结果

（b）影像序列 2 的测量结果

图 6.9　森林溪流实验的流速测量箱形图

　　如图 6.9 和表 6.4 所示，在森林溪流实验中，对于几乎所有的检查点（除了 M_4），LK 方法能够取得最小的绝对偏差，平均绝对偏差为 0.018 m/s。PTVlab 方法（CC 方法和 CCR 方法）倾向于高估流体的表面流速，CC 方法和 CCR 方法的平均绝对偏差分别为 0.047 m/s 和 0.127 m/s；而 PIVlab 方法（DCC 方法和 DFT 方法）倾向于低估流体的表面流速，DCC 方法和 DFT 方法的平均绝对偏差分别为 0.027 m/s 和 0.073 m/s。从鲁棒性的角度看，LK 方法最为稳定可靠，其平均标准差为 0.016 m/s，而 CC 方法、CCR 方法、DCC 方法、DFT 方法的平均标准差分别为 0.077 m/s、0.055 m/s、0.046 m/s、0.037 m/s。即使是在纹理较少的 M_3 和 M_7 位置上，LK 方法仍然能够取得较好的计算结果，而 PIVlab 方法和 PTVlab 方法难以获得可靠的流速测量结果。因此，无论是在纹理丰富的区域还是纹理较为稀疏的区域，无论是流体实验室实验还是森林溪流实验，与 PTVlab 方法和 PIVlab 方法相比，LK 方法的精度更高、鲁棒性更强。

表 6.4　森林溪流实验精度统计结果

检查点	方法	均值 /(m/s)	偏差 /(m/s)	标准差 /(m/s)	计数值
M_2	CC	0.276	0.036	0.048	212
	CCR	0.301	0.061	0.051	131
	LK	0.243	**0.003**	**0.011**	**431**
	DCC	0.245	0.005	0.036	262
	DFT	0.174	−0.066	0.053	231
M_3	CC	0.213	0.083	0.152	10
	CCR	0.452	0.322	NaN	1
	LK	0.105	−0.025	0.024	25
	DCC	0.097	−0.033	0.059	**46**
	DFT	0.042	−0.088	**0.020**	16
M_4	CC	0.229	**0.019**	0.056	53
	CCR	0.254	0.044	0.042	25
	LK	0.188	−0.022	**0.019**	**104**
	DCC	0.162	−0.048	0.049	68
	DFT	0.091	−0.119	0.028	49
M_7	CC	0.153	0.053	NaN	1
	CCR	NaN	NaN	NaN	0
	LK	0.135	**0.035**	**0.013**	9
	DCC	0.141	0.041	0.045	**26**
	DFT	0.064	−0.036	0.034	14
M_8	CC	0.264	0.044	0.051	152
	CCR	0.302	0.082	0.072	102
	LK	0.226	**0.006**	**0.012**	**351**
	DCC	0.229	0.009	0.039	114
	DFT	0.163	−0.057	0.051	95

注：所有统计值（均值、偏差、标准差、计数值）均计算自 2 组影像序列的追踪结果之和，其中，最小绝对偏差、最小标准差和最大计数值加粗表示。NaN 表示没有足够的速度测量结果导致该项速度测量值缺失。

6.4.3 实验结果分析

分析 LK 方法优于 PIVlab 方法和 PTVlab 方法的原因,可以发现,LK 方法能够有效地抵偿冷热水混合纹理在流动过程中发生的扭曲变换和旋转变换,而基于互相关的 PIV 方法和 PTV 方法难以适应纹理非均匀变化(扭曲变换、旋转变换等)带来的影响,导致在互相关计算过程中难以准确地找到匹配峰值,因此,特征追踪精度会大幅下降。LK 方法通过引入仿射变换矩阵和最小二乘匹配,能够精确地解算热红外影像纹理在流动过程中发生的扭曲变换和旋转变换。在仿射变换表达式中,LK 方法不仅考虑了追踪特征的平移量,还通过附加参数准确描述了影像的扭曲变换和旋转变换。

此外,LK 方法能够比互相关算法提供更密集的流速场,这是因为 LK 方法的特征匹配精度更高、鲁棒性更强,经过时空滤波后,大部分的特征追踪结果得以保留。尽管 PIVlab 方法和 PTVlab 方法也能生成大量的特征追踪结果,但是结果中存在大量的误匹配,具体表现为过大、过小或反向的异常值,这些不准确的特征追踪结果通过时空滤波被移除,导致流速场较为稀疏。

以速度变化系数(流速标准差与流速均值之比)为评价指标,对比了 LK 方法、PTVlab 方法和 PIVlab 方法的精度。在流体实验室环境下,LK 方法的速度变化系数为 17%～19%;PIVlab 工具箱和 PTVlab 工具箱中的 DCC 方法表现最好,速度变化系数最低,为 23%～25%。在森林溪流环境下,对于冷热水混合纹理丰富的区域,LK 方法的速度变化系数为 5%～9%;PIVlab 工具箱和 PTVlab 工具箱中的 DCC 方法精度最高,速度变化系数为 15%～40%。对于无纹理区域,LK 方法的速度变化系数为 16%～35%,而其他方法的速度变化系数均大于 40%。需要说明的是,在流体实验室环境下,本章计算的是整个流体区域表面的平均流速;而在森林溪流实验环境下,是针对 5 个独立的检查点进行单点流速测量,因此,对比流体实验室环境,森林溪流实验环境下的速度变化系数更低。

在热红外影像流体测速领域,de Lima 等(2015)利用边缘估计方法在实验室条件下测量流体流速,以声波多普勒测速仪提供的流速测量结果为参考值,当流体速度值在 0.08～0.2 m/s 变化时,测速标准差的变化范围为 0.004～0.018 m/s,因此该方法的速度变化系数为 5%～9%。但是该方法依赖人工估计,且目前仅在植被覆盖的土壤区域进行了测试,缺乏在真实溪流区域的测试案例。在另一项研究中,Tauro 等(2017a)将冰块和 PTVlab 方法分别作为追踪源和特征追踪方法,实验结果表明,该方法的速度变化系数为 12%～18%,即当流体速度值在 0.50～0.65 m/s 变化时,测速标准差的变化范围为 0.06～0.12 m/s,该精度与本章中 CC 方法的测速精度相当。

在可见光影像流体测速领域,Tauro 等(2014)使用 PTV 方法对两条大型河流进行流速测量,实验结果表明,该方法的速度变化系数为 $44\%\sim86\%$,平均流速为 $0.35\sim2\ m/s$,精度较低的原因是较差的光照条件和不均匀的示踪剂密度。Tauro 等(2017b)利用基于大尺度的 PIVlab 方法大幅提高了测速精度,速度变化系数提高至 18%,即当平均速度为 $0.39\ m/s$ 时,测速标准差为 $0.07\ m/s$。进一步来说,Tauro 等(2016a)利用无人机影像序列和自然示踪剂完成了高精度的河流流速测量,在平均最大流速为 $2.15\ m/s$ 的条件下,将标准差提高至 $0.27\ m/s$,速度变化系数提高至 13%。总体来说,与其他方法相比,本章方法的主要优势是不受光照条件的影响,能够实现非监督、全自动的特征粒子探测,以及高精度、强鲁棒性的特征追踪。

本章通过探测冷热水混合纹理中的温度差异来识别影像上的追踪特征,理论上,热红外相机的等效噪声温差(noise equivalent temperature difference, NETD)决定了相机能够从背景中识别可追踪目标的最小温度差。在实际操作过程中,可追踪特征的数量不仅取决于倒入热水的体积和倒入的方式,还与流体的流动路径、湍流情况、速度、水深等信息有关。在实验中,为了减小倒入热水的影响,应该固定每次实验加入热水的位置和体积。实验结果表明,在森林溪流实验中,流体测速精度并不会随流体流动而逐渐降低,即距离倒入热水位置较远的检查点 M_8 的测速精度与距离倒入热水位置较近的检查点 M_2 的测速精度相当。但是如果倒入热水的位置过于靠近相机的观测区域,则新倒入的热水有可能会影响原始流体的流速,这是因为新加入的热水可能会改变流体本来的浮力分层情况,产生人造湍流。尤其是对于浅层流体,新加入的热水有可能在自然流体的表面形成一个独立的温水层,而这个温水层的流速会比原始溪流的流速更快(Garg et al, 2000)。

§6.5　本章小结

针对实验室平稳流速场和森林溪流非均匀流速场(流速变化系数为 $0.1\sim0.35\ m/s$),本章重点对比了 LK 方法、PIVlab 方法和 PTVlab 方法三种不同特征追踪方法在热红外影像测速领域的测量精度。通过对比分析可以发现,LK 方法在流体实验室和自然溪流环境下均能取得优于 PIVlab 方法和 PTVlab 方法的结果。与基于互相关的影像特征追踪方法相比,LK 方法的特征追踪精度更高、稳定性更强。本章方法的主要优势是能够全自动地生成密集的流体速度场,主要适用于小型自然溪流和流体实验室环境下的流速测量。

本章方法也存在一些不足,改进方向为:将额外加入的热水与原始流体的混合物作为追踪示踪剂,一个潜在的问题是加入的热水很可能会改变原始流体的流动特性,加入热水的体积、温度和位置都会对原始流体产生影响。当热水加入的位置过于靠近相机追踪区域时,可能会对原始流体产生加速效应;当加入流体的流量与原始流体的流量相近时，原始流体的湍流特性可能会被改变；当原始流体的温度被加入的热水改变时，流体的密度、黏度等特性也会发生一定程度的变化。此外，冷热水混合可能会产生热浮力分层效应，进而直接改变原始流体的流速和流量。因此，热水加入的位置、体积与方式对于流体测速精度的影响都需要进一步研究，从而为实际应用提供指导。未来的研究方向还包括利用影像分析或激光雷达的方法实现水底地形测量，进而解算流体的流量。

第7章 总结与展望

§7.1 总　结

　　随着非制冷型热红外相机的出现，热红外相机的性价比大幅提高，使得热红外摄影测量受到工业界以及学术界的广泛关注，并逐渐成为一个新兴的研究方向。但是与可见光相机相比，非制冷型热红外相机不够成熟，极易受到外界环境因素的干扰，导致温度反演精度和几何定位精度下降。因此，深入研究非制冷型热红外相机的定标与应用对于拓展摄影测量学和计算机视觉的知识边界意义深远。本书围绕非制冷型热红外相机定标（辐射定标、几何定标）和典型应用（建筑物三维温度场重建、点云目标识别、流体速度场测量）开展研究，提出了全新的解决方案，并指出了未来的改进方向。

　　图 7.1 展示了非制冷型热红外相机定标与摄影测量应用的总体流程。在进行相机应用前，需要实现相机的辐射定标和几何定标。在影像序列处理领域，本书主要探讨了利用额外热源和光流追踪技术实现流体测速的基本方法，为研究流体流量的解算奠定了坚实的基础。在二维影像与三维模型的融合领域，本书主要讨论了热红外影像序列与异源点云的配准及纹理映射方法，实现了基于手持摄影测量的单栋建筑物建模和基于倾斜航空摄影测量的城市级建筑物建模，并利用融合热红外特征的点云分类方法实现了建筑物立面的门窗提取，为建筑物密闭性检测和动力学温度反演提供了思路。

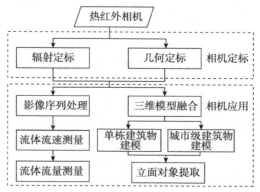

图 7.1　非制冷型热红外相机定标与摄影测量应用的总体流程

§7.2　展　望

非制冷型热红外相机的潜在应用远超本书所讨论的范围。例如，在2020—2022年抗击新型冠状病毒感染疫情的战斗中，非制冷型热红外相机在人体识别及体温检测领域发挥了重要的作用。未来需要深入研究的方向如下。

（1）热红外相机新设备。非制冷型热红外相机的优势是质量轻、体积小、性价比高，但是像元尺寸大、影像分辨率低、辐射分辨率低、时空非一致性效应明显。未来随着硬件技术的发展，像元尺寸将从十几微米下降至几微米，像素数量将从百万级上升至千万级，辐射分辨率将从几十毫开尔文优化至几毫开尔文。此时，非制冷型热红外相机的应用范围就可以从中近距离观测（手持、车载、机载）拓展至远距离观测（星载），成为夜间高分辨率对地观测的主要手段。

（2）热红外影像处理新理论。借鉴人工智能、量子遥感、压缩感知等新技术，进一步拓展热红外影像处理的理论模型和表达模型，借助深度学习、流形学习、强化学习、迁移学习等人工智能方法提升热红外影像信息提取与表达能力，解决热红外影像面临的匹配与融合、分类与识别、建模与表达等问题，架起热红外影像与地学分析应用的桥梁。

（3）热红外影像处理新方法。

——热红外影像存储与更新。发展边缘计算、在线计算技术，减轻影像存储的压力，为二维影像与三维模型联合显示与分析提供算力支撑，实现热红外影像分类存储、动态更新和实时处理。

——热红外影像深度学习。热红外影像场景理解是计算机人工智能发展的核心，当前基于深度学习的影像理解方法对于不同目标的提取性能和不同场景的迁移能力均不佳。为此，一方面需要深入研究新型的人工智能影像分析方法，提高现有方法的解译精度和泛化能力；另一方面需要建立具有代表性的热红外影像样本数据库，构建涵盖热红外影像几何配准、热红外影像分类与识别、二维影像与三维模型融合等主题的开源数据集，用于评价各类方法的精度与效率，推动热红外影像人工智能处理技术的发展。

——热红外影像产业化应用。热红外影像不仅是一种数据，还是一种产品，要进一步发挥热红外影像服务国家重大战略需求与产业化应用的潜力，如夜间自动驾驶、全球夜间地理环境变化监测、数字孪生城市、太空安全、反导系统、城市生态评估等。深入挖掘热红外影像的应用价值，提升与其他数据（如三维点云数据、合成孔径雷达影像、可见光影像、社交网络数据）的融合能力，推动地理信息行业向快速度、高精度的决策型大测绘目标前进。

未来随着硬件技术的成熟和软件技术的发展，热红外影像必将应用在生产与生活的方方面面。

参考文献

陈驰,杨必胜,彭向阳,2015. 低空 UAV 激光点云和序列影像的自动配准方法[J]. 测绘学报, 44(5):518-525.

龚健雅,崔婷婷,单杰,等,2015. 利用车载移动测量数据的建筑物立面建模方法[J]. 武汉大学学报(信息科学版),40(9):1137-1143.

李德仁,肖雄武,郭丙轩,等,2016. 倾斜影像自动空三及其在城市真三维模型重建中的应用[J]. 武汉大学学报(信息科学版),41(6):711-721.

袁修孝,高宇,邹小容,2012. GPS 辅助空中三角测量在低空航测大比例尺地形测图中的应用[J]. 武汉大学学报(信息科学版),37(11):1289-1293.

ADRIAN R J, 2005. Twenty years of particle image velocimetry[J]. Experiments in Fluids, 39(2): 159-169.

ALBA M I, BARAZZETTI L, SCAIONI M, et al, 2011. Mapping infrared data on terrestrial laser scanning 3D models of buildings[J]. Remote Sensing, 3(9):1847-1870.

ALLÈNE C, PONS J P, KERIVEN R, 2008. Seamless image-based texture atlases using multi-band blending[C]//19th International Conference on Pattern Recognition. Piscataway, New Jersey: IEEE: 1-4.

BAJCSY P, KOOPER R, CLARK W, 2010. Integration of data across disparate sensing systems over both time and space to design smart environments[M]//TURCU C. Sustainable radio frequency identification solutions. London: IntechOpen: 281-306.

BANNEHR L, SCHMIDT A, PIECHEL J, et al, 2013. Extracting urban parameters of the city of Oldenburg from hyperspectral, thermal, and airborne laser scanning data[J]. Photogrammetrie-Fernerkundung-Geoinformation, 2013(4): 367-379.

BECKER C, ROSINSKAYA E, HÄNI N, 2018. Classification of aerial photogrammetric 3D point clouds[J]. Photogrammetric Engineering and Remote Sensing, 84(5): 287-295.

BENZ U C, HOFMANN P, WILLHAUCK G, et al, 2004. Multi-resolution, object-oriented fuzzy analysis of remote sensing data for GIS-ready information[J]. ISPRS Journal of Photogrammetry and Remote Sensing, 58 (3/4): 239-258.

JIMÉNEZ-BERNI J A, ZARCO-TEJADA P J, SUÁREZ L, et al, 2009. Thermal and narrowband multispectral remote sensing for vegetation monitoring from an unmanned aerial vehicle[J]. IEEE Transactions on Geoscience and Remote Sensing, 47(3): 722-738.

BI S, KALANTARI N K, RAMAMOORTHI R, 2017. Patch-based optimization for image-based texture mapping[J]. ACM Transactions on Graphics, 36(4): 106-116.

BIOSCA J M, LERMA J L, 2008. Unsupervised robust planar segmentation of terrestrial laser scanner point clouds based on fuzzy clustering methods[J]. ISPRS Journal of Photogrammetry and Remote Sensing, 63(1): 84-98.

BISON P, BORTOLIN A, CADELANO G, et al, 2012. Geometrical correction and photogrammetric approach in thermographic inspection of buildings[C]//11th International

Conference on Quantitative InfraRed Thermography.［S. l.］:［s. n.］: 1-9.

BORRMANN D, NÜCHTER A, ÐAKULOVIĆ M, et al, 2014. A mobile robot based system for fully automated thermal 3D mapping［J］. Advanced Engineering Informatics, 28(4): 425-440.

BOUGUET J Y, 2001. Pyramidal implementation of the affine Lucas Kanade feature tracker description of the algorithm［J］. Intel Corporation, 5: 1-9.

BOUGUET J Y, 2015. Camera calibration toolbox for Matlab［EB/OL］. ［2021-12-07］. http:// www. vision. caltech. edu/bouguetj/calib_doc/.

BOYKOV Y, VEKSLER O, ZABIH R, 2001. Fast approximate energy minimization via graph cuts ［J］. IEEE Transactions on Pattern Analysis and Machine Intelligence, 23(11): 1222-1239.

BREIMAN L, 2001. Random forests［J］. Machine Learning, 45(1): 5-32.

BREVIS W, NIÑO Y, JIRKA G H, 2011. Integrating cross-correlation and relaxation algorithms for particle tracking velocimetry［J］. Experiments in Fluids, 50(1): 135-147.

BRODU N, LAGUE D, 2012. 3D terrestrial lidar data classification of complex natural scenes using a multi-scale dimensionality criterion: applications in geomorphology［J］. ISPRS Journal of Photogrammetry and Remote Sensing, 68(3): 121-134.

BRUMER S E, ZAPPA C J, ANDERSON S P, et al, 2016. Riverine skin temperature response to subsurface processes in low wind speeds［J］. Journal of Geophysical Research: Oceans, 121(3): 1721-1735.

BUDZIER H, GERLACH G, 2011. Thermal infrared sensors: theory, optimisation and practice ［M］. Chichester: John Wiley and Sons.

BUDZIER H, GERLACH G, 2015. Calibration of uncooled thermal infrared cameras［J］. Journal of Sensors and Sensor Systems, 4(1): 187-197.

CALANTROPIO A, CHIABRANDO F, RINAUDO F, et al, 2018. Use and evaluation of a short range small quadcopter and a portable imaging laser for built heritage 3D documentation［J］. ISPRS International Archives of the Photogrammetry, Remote Sensing and Spatial Information Sciences, 42(1): 71-78.

CALLIERI M, CIGNONI P, CORSINI M, et al, 2008. Masked photo blending: mapping dense photographic data set on high-resolution sampled 3D models［J］. Computers and Graphics, 32(4): 464-473.

CAO Y, HE Z, YANG J, et al, 2017. Spatially adaptive column fixed-pattern noise correction in infrared imaging system using 1D horizontal differential statistics［J］. IEEE Photonics Journal, 9(5): 1-13.

CAO Y, TISSE C L, 2013. Shutterless solution for simultaneous focal plane array temperature estimation and nonuniformity correction in uncooled long-wave infrared camera［J］. Applied Optics, 52(25): 6266-6271.

CHICKADEL C C, TALKE S A, HORNER-DEVINE A R, et al, 2011. Infrared-based measurements of velocity, turbulent kinetic energy, and dissipation at the water surface in a tidal river［J］. IEEE Geoscience and Remote Sensing Letters, 8(5): 849-853.

CHO Y K, HAM Y, GOLPAVAR-FARD M, 2015. 3D as-is building energy modeling and diagnostics: a review of the state-of-the-art[J]. Advanced Engineering Informatics, 29(2): 184-195.

COHEN A, SCHWING A G, POLLEFEYS M, 2014. Efficient structured parsing of facades using dynamic programming[C]//27th IEEE Conference on Computer Vision and Pattern Recognition. New York: ACM: 3206-3213.

CONTE P, GIRELLI V A, MANDANICI E, 2018. Structure from motion for aerial thermal imagery at city scale: pre-processing, camera calibration, accuracy assessment[J]. ISPRS Journal of Photogrammetry and Remote Sensing, 146(12): 320-333.

de LIMA R L, ABRANTES J R, de LIMA J L, et al, 2015. Using thermal tracers to estimate flow velocities of shallow flows: laboratory and field experiments[J]. Journal of Hydrology and Hydromechanics, 63(3): 255-262.

DELLENBACK P A, MACHARIVILAKATHU J, PIERCE S R, 2000. Contrast-enhancement techniques for particle-image velocimetry[J]. Applied Optics, 39(32): 5978-5990.

DELONG A, OSOKIN A, ISACK H N, et al, 2012. Fast approximate energy minimization with label costs[J]. International Journal of Computer Vision, 96(1): 1-27.

DONG Z, YANG B, HU P, et al, 2018. An efficient global energy optimization approach for robust 3D plane segmentation of point clouds[J]. ISPRS Journal of Photogrammetry and Remote Sensing, 137(3): 112-133.

ELTNER A, ELIAS M, SARDEMANN H, et al, 2018. Automatic image-based water stage measurement for long-term observations in ungauged catchments[J]. Water Resources Research, 54(12): 10362-10371.

ELTNER A, KAISER A, ABELLAN A, et al, 2017. Time lapse structure-from-motion photogrammetry for continuous geomorphic monitoring[J]. Earth Surface Processes and Landforms, 42(14): 2240-2253.

FAN H, WANG Y, GONG J, 2021. Layout graph model for semantic façade reconstruction using laser point clouds[J]. Geo-spatial Information Science, 24(3): 403-421.

FISCHLER M A, BOLLES R C, 1981. Random sample consensus: a paradigm for model fitting with applications to image analysis and automated cartography[J]. Communications of the ACM, 24(6): 381-395.

FRUEH C, SAMMON R, ZAKHOR A, 2004. Automated texture mapping of 3D city models with oblique aerial imagery[C]//2nd International Symposium on 3D Data Processing, Visualization and Transmission. Piscataway, New Jersey: IEEE: 396-403.

GADDE R, MARLET R, PARAGIOS N, 2016. Learning grammars for architecture-specific facade parsing[J]. International Journal of Computer Vision, 117(3): 290-316.

GAL R, WEXLER Y, OFEK E, et al, 2010. Seamless montage for texturing models[J]. Computer Graphics Forum, 29(2): 479-486.

GARG R P, FERZIGER J H, MONISMITH S G, et al, 2000. Stably stratified turbulent channel flows. I. Stratification regimes and turbulence suppression mechanism[J]. Physics of Fluids, 12(10): 2569-2594.

GONZÁLEZ-AGUILERA D, RODRÍGUEZ-GONZÁLVEZ P, ARMESTO J, et al, 2012. Novel approach to 3D thermography and energy efficiency evaluation[J]. Energy and Buildings, 54(6): 436-443.

GRGER G, PLÜMER L, 2012. CityGML-interoperable semantic 3D city models[J]. ISPRS Journal of Photogrammetry and Remote Sensing, 71(7): 12-33.

HARTLEY R, ZISSERMAN A, 2003. Multiple view geometry in computer vision[M]. 2nd Ed. Cambridge: Cambridge University Press.

HAM Y, 2015. Vision-based building energy diagnostics and retrofit analysis using 3D thermography and building information modeling[D]. Urbana-Champaign: University of Illinois Urbana-Champaign.

HAM Y, GOLPARVAR-FARD M, 2013. An automated vision-based method for rapid 3D energy performance modeling of existing buildings using thermal and digital imagery[J]. Advanced Engineering Informatics, 27(3): 395-409.

HILSENSTEIN V, 2005. Surface reconstruction of water waves using thermographic stereo imaging[C]//Image and Vision Computing New Zealand.[S. l.]: ACM: 102-107.

HOEGNER L, STILLA U, 2009. Thermal leakage detection on building facades using infrared textures generated by mobile mapping[C]//Joint Urban Remote Sensing Event. Piscataway, New Jersey: IEEE: 1-6.

HOEGNER L, STILLA U, 2015. Building facade object detection from terrestrial thermal infrared image sequences combining different views[J]. ISPRS Annals of the Photogrammetry, Remote Sensing and Spatial Information Sciences, 2(3): 55-62.

HOEGNER L, STILLA U, 2018. Mobile thermal mapping for matching of infrared images with 3D building models and 3D point clouds[J]. Quantitative InfraRed Thermography Journal, 15(2): 252-270.

HUANG S C, CHENG F C, CHIU Y S, 2012. Efficient contrast enhancement using adaptive gamma correction with weighting distribution[J]. IEEE Transactions on Image Processing, 22(3): 1032-1041.

ISACK H, BOYKOV Y, 2012. Energy-based geometric multi-model fitting[J]. International Journal of Computer Vision, 97(2): 123-147.

IWASZCZUK D, STILLA U, 2016. Quality assessment of building textures extracted from oblique airborne thermal imagery[J]. ISPRS Annals of Photogrammetry, Remote Sensing and Spatial Information Sciences, 3(1): 3-8.

IWASZCZUK D, STILLA U, 2017. Camera pose refinement by matching uncertain 3D building models with thermal infrared image sequences for high quality texture extraction[J]. ISPRS Journal of Photogrammetry and Remote Sensing, 132(10): 33-47.

JAVADNEJAD F, 2018. Small unmanned aircraft systems (UAS) for engineering inspections and geospatial mapping[D]. Corvallis: Oregon State University.

JESSUP A T, PHADNIS K R, 2005. Measurement of the geometric and kinematic properties of microscale breaking waves from infrared imagery using a PIV algorithm[J]. Measurement Science and Technology, 16(10): 1961-1969.

KÄÄB A, PROWSE T, 2011. Cold-regions river flow observed from space[J]. Geophysical Research Letters, 38(8): 1-5.

KRUSE P W, SKATRUD D D, 1997. Uncooled infrared imaging arrays and system[M]. San Diego: Academic Press.

KUANG X, SUI X, LIU Y, et al, 2018. Robust destriping method based on data-driven learning [J]. Infrared Physics and Technology, 94: 142-150.

KUMAR S, HEBERT M, 2006. Discriminative random fields[J]. International Journal of Computer Vision, 68(2): 179-201.

LAGÜELA S, GONZÁLEZ-JORGE H, ARMESTO J, et al, 2011. Calibration and verification of thermographic cameras for geometric measurements[J]. Infrared Physics and Technology, 54: 92-99.

LAGÜELA S, GONZÁLEZ-JORGE H, ARMESTO J, et al, 2012. High performance grid for the metric calibration of thermographic cameras[J]. Measurement Science and Technology, 23(1): 015402.

LANDRIEU L, RAGUET H, VALLET B, 2017. A structured regularization framework for spatially smoothing semantic labelings of 3D point clouds[J]. ISPRS Journal of Photogrammetry and Remote Sensing, 132(10): 102-118.

LEGLEITER C J, KINZEL P J, NELSON J M, 2017. Remote measurement of river discharge using thermal particle image velocimetry (PIV) and various sources of bathymetric information [J]. Journal of Hydrology, 554: 490-506.

LEMPITSKY V, IVANOV D, 2007. Seamless mosaicing of image-based texture maps[C]// IEEE Conference on Computer Vision and Pattern Recognition. Piscataway, New Jersey: IEEE Press: 1-6.

LI J, HU Q, AI M, 2017. Robust feature matching for geospatial images via an affine-invariant coordinate system[J]. The Photogrammetric Record, 32(159): 317-331.

LI J, HU Q, AI M, 2019. RIFT: multi-modal image matching based on radiation-variation insensitive feature transform[J]. IEEE Transactions on Image Processing, 29: 3296-3310.

LIANG K, YANG C, PENG L, et al, 2017. Nonuniformity correction based on focal plane array temperature in uncooled long-wave infrared cameras without a shutter[J]. Applied Optics, 56(4): 884-889.

LIN D, BANNEHR L, ULRICH C, et al, 2020. Evaluating thermal attribute mapping strategies for oblique airborne photogrammetric system AOS-Tx8[J]. Remote Sensing, 12(1): 112.

LIN D, JARZABEK-RYCHARD M, SCHNEIDER D, et al, 2018b. Thermal texture selection and correction for building facade inspection based on thermal radiant characteristics[J]. The

International Archives of the Photogrammetry, Remote Sensing and Spatial Information Sciences, 42(2): 585-591.

LIN D, JARZABEK-RYCHARD M, TONG X, et al, 2019. Fusion of thermal imagery with point clouds for building façade thermal attribute mapping[J]. ISPRS Journal of Photogrammetry and Remote Sensing, 151(5): 162-175.

LIN D, MAAS H G, WESTFELD P, et al, 2018a. An advanced radiometric calibration approach for uncooled thermal cameras[J]. The Photogrammetric Record, 33(161): 30-48.

LIU C, SUI X, GU G, et al, 2018. Shutterless non-uniformity correction for the long-term stability of an uncooled long-wave infrared camera[J]. Measurement Science and Technology, 29(2): 025402.

LIU N, XIE J, 2015. Interframe phase-correlated registration scene-based nonuniformity correction technology[J]. Infrared Physics and Technology, 69: 198-205.

LUCAS B D, KANADE T, 1981. An iterative image registration technique with an application to stereo vision[C]//7th International Joint Conference on Artificial Intelligence. San Francisco: Morgan Kaufmann Publisher Inc. : 674-679.

LUHMANN T, OHM J, PIECHEL J, et al, 2011. Geometric calibration of thermal cameras[J]. Photogrammetrie Fernerkundung Geoinformation, 2011(1): 5-15.

LUHMANN T, PIECHEL J, ROELFS T, 2013. Geometric calibration of thermographic cameras[M]//KUENZERC, DECHS. Thermal infrared remote sensing. Dordrecht: Springer Netherlands.

LUHMANN T, ROBSON S, KYLE S, et al, 2019. Close-range photogrammetry and 3D imaging [M]. Berlin: De Gruyter.

MAAS H G, VOSSELMAN G, 1999. Two algorithms for extracting building models from raw laser altimetry data[J]. ISPRS Journal of Photogrammetry and Remote Sensing, 54(2/3): 153-163.

MAES W H, HUETE A R, STEPPE K, 2017. Optimizing the processing of UAV-based thermal imagery[J]. Remote Sensing, 9(5): 476.

MALIHI S, VALADAN-ZOEJ M J, HAHN M, 2018. Large-scale accurate reconstruction of buildings employing point clouds generated from UAV imagery[J]. Remote Sensing, 10(7): 1148.

MOUATS T, AOUF N, CHERMAK L, et al, 2015. Thermal stereo odometry for UAVs[J]. IEEE Sensors Journal, 15(11): 6335-6347.

MUSTE M, FUJITA I, HAUET A, 2008. Large-scale particle image velocimetry for measurements in riverine environments[J]. Water Resources Research, 44(4): 1-14.

NG H, DU R, 2005. Acquisition of 3D surface temperature distribution of a car body[C]//IEEE International Conference on Information Acquisition. Piscataway, New Jersey: IEEE: 16-20.

NUGENT P W, SHAW J A, PUST N J, 2013. Correcting for focal-plane-array temperature dependence in microbolometer infrared cameras lacking thermal stabilization[J]. Optical Engineering, 52(6): 061304.

NUGENT P W, SHAW J A, PUST N J, 2014. Radiometric calibration of infrared imagers using an internal shutter as an equivalent external blackbody[J]. Optical Engineering, 53(12): 123106.

OHMI K, LI H Y, 2000. Particle-tracking velocimetry with new algorithms[J]. Measurement Science and Technology, 11(6): 603-616.

PAPON J, ABRAMOV A, SCHOELER M, et al, 2013. Voxel cloud connectivity segmentation-supervoxels for point clouds[C]//IEEE Conference on Computer Vision and Pattern Recognition. Piscataway, New Jersey: IEEE: 2027-2034.

PEDREROS F, PEZOA J E, TORRES S N, 2012. Compensating internal temperature effects in uncooled microbolometer-based infrared cameras[C]//SPIE 8355, Infrared Imaging Systems: Design, Analysis, Modeling, and Testing XXIII. Bellingham, Washington: Society of Photo-Optical Instrumentation Engineers: 43-52.

PERKS M T, RUSSELL A J, LARGE A R, 2016. Technical note: advances in flash flood monitoring using unmanned aerial vehicles (UAVs)[J]. Hydrology and Earth System Sciences, 20(10): 4005-4015.

PHAM T T, DO T T, SÜNDERHAUF N, et al, 2018. SceneCut: joint geometric and object segmentation for indoor scenes[C]//IEEE International Conference on Robotics and Automation (ICRA). Piscataway, New Jersey: IEEE: 3213-3220.

PHAM T T, EICH M, REID I, et al, 2016. Geometrically consistent plane extraction for dense indoor 3D maps segmentation[C]//IEEE/RSJ International Conference on Intelligent Robots and Systems(IROS). Piscataway, New Jersey: IEEE: 4199-4204.

POMERLEAU F, COLAS F, SIEGWART R, et al, 2013. Comparing ICP variants on real-world data sets[J]. Autonomous Robots, 34(3): 133-148.

PU S, VOSSELMAN G, 2009. Knowledge based reconstruction of building models from terrestrial laser scanning data[J]. ISPRS Journal of Photogrammetry and Remote Sensing, 64(6): 575-584.

PULEO J A, MCKENNA T E, Holland K T, et al, 2012. Quantifying riverine surface currents from time sequences of thermal infrared imagery[J]. Water Resources Research, 48(1): 1-20.

RABBANI T, VAN DEN HEUVEL F, 2005. Efficient Hough transform for automatic detection of cylinders in point clouds[C]//International Archives of Photogrammetry, Remote Sensing and Spatial Information Sciences, 36(Part 3). [S. l.]: [s. n.]: 60-65.

RAYTEK, 1998. RAYNGER MX SERIES with new laser technology[EB/OL]. [2020-10-09]. http://www. farnell. com/datasheets/44260. pdf.

RIBEIRO-GOMES K, HERNÁNDEZ-LÓPEZ D, ORTEGA J F, et al, 2017. Uncooled thermal camera calibration and optimization of the photogrammetry process for UAV applications in agriculture[J]. Sensors (Basel, Switzerland), 17(10): 2173.

RONG S H, ZHOU H X, QIN H L, et al, 2016. Guided filter and adaptive learning rate based non-uniformity correction algorithm for infrared focal plane array[J]. Infrared Physics and

Technology, 76: 691-697.

RUSU R B, BLODOW N, BEETZ M, 2009. Fast point feature histograms (FPFH) for 3D registration[C]//IEEE International Conference on Robotics and Automation. Piscataway, New Jersey: IEEE: 3212-3217.

SCHRIJER F F J, SCARANO F, 2008. Effect of predictor-corrector filtering on the stability and spatial resolution of iterative PIV interrogation[J]. Experiments in Fluids, 45(5): 927-941.

SCHUETZ T, WEILER M, LANGE J, et al, 2012. Two-dimensional assessment of solute transport in shallow waters with thermal imaging and heated water[J]. Advances in Water Resources, 43(7): 67-75.

SHAVIT U, LOWE R J, STEINBUCK J V, 2007. Intensity capping: a simple method to improve cross-correlation PIV results[J]. Experiments in Fluids, 42(2): 225-240.

SHI B Q, LIANG J, LIU Q, 2011. Adaptive simplification of point cloud using k-means clustering [J]. Computer-Aided Design, 43(8): 910-922.

SHI J, 1994. Good features to track[C]//IEEE Conference on Computer Vision and Pattern Recognition. Piscataway, New Jersey: IEEE: 593-600.

TAURO F, GRIMALDI S, 2017a. Ice dices for monitoring stream surface velocity[J]. Journal of Hydro-environment Research, 14(3): 143-149.

TAURO F, PISCOPIA R, GRIMALDI S, 2017b. Streamflow observations from cameras: large-scale particle image velocimetry or particle tracking velocimetry? [J]. Water Resources Research, 53(12): 10374-10394.

TAURO F, PORFIRI M, GRIMALDI S, 2014. Orienting the camera and firing lasers to enhance large scale particle image velocimetry for streamflow monitoring[J]. Water Resources Research, 50(9): 7470-7483.

TAURO F, PORFIRI M, GRIMALDI S, 2016a. Surface flow measurements from drones[J]. Journal of Hydrology, 540: 240-245.

TAURO F, SALVATORI S, 2016b. Surface flows from images: ten days of observations from the Tiber Stream gauge-cam station[J]. Hydrology Research, 48(3): 646-655.

TAURO F, TOSI F, MATTOCCIA S, et al, 2018. Optical tracking velocimetry (OTV): leveraging optical flow and trajectory-based filtering for surface streamflow observations[J]. Remote Sensing, 10(12): 2010.

TEMPELHAHN A, BUDZIER H, KRAUSE V, et al, 2016. Shutter-less calibration of uncooled infrared cameras[J]. Journal of Sensors and Sensor Systems, 5(1): 9-16.

THIELICKE W, STAMHUIS E, 2014. PIVlab-towards user-friendly, affordable and accurate digital particle image velocimetry in MATLAB[J]. Journal of Open Research Software, 2(1): 1-10.

TÓVÁRI D, PFEIFER N, 2005. Segmentation based robust interpolation-a new approach to laser data filtering[C]//International Archives of Photogrammetry, Remote Sensing and Spatial Information Sciences, 36(3/19).[S. l.]:[s. n.]: 79-84.

TRUONG T P, YAMAGUCHI M, MORI S, et al, 2017. Registration of RGB and thermal point clouds generated by structure from motion[C]//IEEE International Conference on Computer Vision Workshops. Piscataway, New Jersey: IEEE: 419-427.

TRUONG-HONG L, LAEFER D F, 2014. Octree-based, automatic building façade generation from LiDAR data[J]. Computer-Aided Design, 53(8): 46-61.

TRUONG-HONG L, LAEFER D F, HINKS T, et al, 2012. Flying voxel method with Delaunay triangulation criterion for façade/feature detection for computation[J]. Journal of Computing in Civil Engineering, 26(6): 691-707.

TRUONG-HONG L, LAEFER D F, HINKS T, et al, 2013. Combining an angle criterion with voxelization and the flying voxel method in reconstructing building models from LiDAR data[J]. Computer-Aided Civil and Infrastructure Engineering, 28(2): 112-129.

VERON F, MELVILLE W K, LENAIN L, 2008, Infrared techniques for measuring ocean surface processes[J]. Journal of Atmospheric and Oceanic Technology, 25(2): 307-326.

VIDAS S, LAKEMOND R, DENMAN S, et al, 2012. A mask-based approach for the geometric calibration of thermal-infrared cameras[J]. IEEE Transactions on Instrumentation and Measurement, 61(6): 1625-1635.

VIDAS S, MOGHADAM P, 2013a. Ad hoc radiometric calibration of a thermal-infrared camera [C]//International Conference on Digital Image Computing: Techniques and Applications (DICTA). Piscataway, New Jersey: IEEE: 1-8.

VIDAS S, MOGHADAM P, 2013b. HeatWave: a handheld 3D thermography system for energy auditing[J]. Energy and Buildings, 66(5): 445-460.

VIDAS S, MOGHADAM P, SRIDHARAN S, 2015. Real-time mobile 3D temperature mapping [J]. IEEE Sensors Journal, 15(2): 1145-1152.

VINCENT E, LAGANIÉRE R, 2001. Detecting planar homographies in an image pair[C]//2nd International Symposium on Image and Signal Processing and Analysis. In conjunction with 23rd International Conference on Information Technology Interfaces. Piscataway, New Jersey: IEEE: 182-187.

VO A V, TRUONG-HONG L, LAEFER D F, et al, 2015. Octree-based region growing for point cloud segmentation[J]. ISPRS Journal of Photogrammetry and Remote Sensing, 104(6): 88-100.

VOGEL C, BAUDER A, SCHINDLER K, 2012. Optical flow for glacier motion estimation[J]. ISPRS Annals of the Photogrammetry, Remote Sensing and Spatial Information Sciences, 1(3): 359-364.

VOLLMER M, MÖLLMANN K P, 2017. Infrared thermal imaging: fundamentals, research and applications[M]. Brandenburg: John Wiley and Sons.

VOSSELMAN G, DIJKMAN S, 2001. 3D building model reconstruction from point clouds and ground plans[C]//ISPRS Workshop: Land Surface Mapping and Characterization Using Laser Altimetry. Göttingen, Germany: Copernicus Publications: 37-44.

WAECHTER M, MOEHRLE N, GOESELE M, 2014. Let there be color! Large-scale texturing of 3D reconstructions[M]//FLEET D, PAJDLA T, SCHIELE B, et al. Computer vision—ECCV 2014. Cham: Springer: 836-850.

WANG L, SHEN C, DUAN F, et al, 2016. Energy-based multi-plane detection from 3D point clouds[M]//HIROSE A, OZAWA S, DOYA K, et al. Neural Information Processing. Cham: Springer: 715-722.

WARREN M, MCKINNON D, UPCROFT B, 2013, June. Online calibration of stereo rigs for long-term autonomy[C]//IEEE International Conference on Robotics and Automation: Piscataway, New Jersey: IEEE: 3692-3698.

WEINMANN M, LEITLOFF J, HOEGNER L, et al, 2014. Thermal 3D mapping for object detection in dynamic scenes[J]. ISPRS Annals of the Photogrammetry, Remote Sensing and Spatial Information Sciences, 2(1): 53-60.

WEINMANN M, URBAN S, HINZ S, et al, 2015. Distinctive 2D and 3D features for automated large-scale scene analysis in urban areas[J]. Computers and Graphics, 49(6): 47-57.

WEITBRECHT V, KÜHN G, JIRKA G H, 2002. Large scale PIV-measurements at the surface of shallow water flows[J]. Flow Measurement and Instrumentation, 13(5/6): 237-245.

WESTFELD P, MADER D, MAAS H G, 2015. Generation of TIR-attributed 3d point clouds from UAV-based thermal imagery[J]. Photogrammetrie-Fernerkundung-Geoinformation (5): 381-393.

XIAO J, ZHANG J, ADLER B, et al, 2013. Three-dimensional point cloud plane segmentation in both structured and unstructured environments[J]. Robotics and Autonomous Systems, 61(12): 1641-1652.

XU Y, YAO W, TUTTAS S, et al, 2018. Unsupervised segmentation of point clouds from buildings using hierarchical clustering based on gestalt principles[J]. IEEE Journal of Selected Topics in Applied Earth Observations and Remote Sensing, 11(11): 4270-4286.

YAN J, SHAN J, JIANG W, 2014. A global optimization approach to roof segmentation from airborne lidar point clouds[J]. ISPRS Journal of Photogrammetry and Remote Sensing, 94(8): 183-193.

YANG B S, DONG Z, LIU Y, 2017. Computing multiple aggregation levels and contextual features for road facilities recognition using mobile laser scanning data[J]. ISPRS Journal of Photogrammetry and Remote Sensing, 126(4): 180-194.

YANG M D, SU T C, LIN H Y, 2018. Fusion of infrared thermal image and visible image for 3D thermal model reconstruction using smartphone sensors[J]. Sensors (Basel, Switzerland), 18(7): 2003.

YANG R, YANG W, CHEN Y, et al, 2011. Geometric calibration of IR camera using trinocular vision[J]. Journal of Lightwave Technology, 29(24): 3797-3803.

YASTIKLI N, GULER E, 2013. Performance evaluation of thermographic cameras for photogrammetric documentation of historical buildings[J]. Boletim de Ciências Geodésicas,

19（4）: 711-728.

ZHANG G H, LUO R T, CAO Y, et al, 2010. Correction factor to dye-measured flow velocity under varying water and sediment discharges[J]. Journal of Hydrology, 389: 205-213.

ZHANG Z, 2000. A flexible new technique for camera calibration[J]. IEEE Transactions on Pattern Analysis and Machine Intelligence, 22（11）: 1330-1334.

ZHOU Q Y, KOLTUN V, 2014. Color map optimization for 3D reconstruction with consumer depth cameras[J]. ACM Transactions on Graphics, 33（4）: 155-164.

ZHOU Q Y, PARK J, KOLTUN V, 2016. Fast global registration[M]//LEIBE B, MATAS J, SEBE N, et al. Computer Vision—ECCV 2016. Cham: Springer: 766-782.

ZHU G, WHITEHEAD D, PERRIE W, et al, 2018. Investigation of the thermal and optical performance of a spatial light modulator with high average power picosecond laser exposure for materials processing applications[J]. Journal of Physics D: Applied Physics, 51（9）: 095603.

ZOLANVARI S I, LAEFER D F, 2016. Slicing method for curved façade and window extraction from point clouds[J]. ISPRS Journal of Photogrammetry and Remote Sensing, 119（9）: 334-346.

ZOLANVARI S I, LAEFER D F, NATANZI A S, 2018. Three-dimensional building façade segmentation and opening area detection from point clouds[J]. ISPRS Journal of Photogrammetry and Remote Sensing, 143（9）: 134-149.